# 汉风建筑的诠释与重构

成祖德　王　洁　著

ZHEJIANG UNIVERSITY PRESS
浙江大学出版社

图书在版编目（CIP）数据

汉风建筑的诠释与重构 / 成祖德，王洁著．—杭州：浙江大学
出版社，2013.1（2013.8 重印）
ISBN 978-7-308-10476-0

Ⅰ．①汉… Ⅱ．①成… ②王… Ⅲ．①建筑设计－研究－中国
Ⅳ．① TU2

中国版本图书馆 CIP 数据核字（2012）第 207075 号

**汉风建筑的诠释与重构**

成祖德　王洁　著

| | | |
|---|---|---|
| **责任编辑** | 张　鸽 | |
| **封面设计** | 黄晓意 | |
| **出版发行** | 浙江大学出版社 | |
| | （杭州天目山路 148 号　邮政编码 310007） | |
| | （网址：http://www.zjupress.com） | |
| **排　　版** | 杭州立飞图文制作有限公司 | |
| **印　　刷** | 浙江省邮电印刷股份有限公司 | |
| **开　　本** | 787mm×1092mm　1/16 | |
| **印　　张** | 18 | |
| **字　　数** | 311 千 | |
| **版 印 次** | 2013 年 1 月第 1 版　2013 年 8 月第 2 次印刷 | |
| **书　　号** | ISBN 978-7-308-10476-0 | |
| **定　　价** | 58.00 元 | |

**全球化背景下，面向地域文化的建筑设计**
**——淮南市"新汉风"建筑的研究和探索**
**课 题 组**

**课题组负责人：**王洁 成祖德

**课题组成员：**王锡耀　陈世钊　赵东强　郭孝峰

　　　　　　　陈厚敏　宋　明　鲁金杰　张　猛

　　　　　　　杨金海　穆　红　黄伟明　李迎雪

　　　　　　　王卓佳　周　欣　袁　源　李　靖

　　　　　　　赵　聪　范业麟

# 致　谢

2010 年 6 月，安徽省淮南市委托浙江大学建筑设计及其理论研究所合作展开"全球化背景下面向地域文化的建筑设计——淮南市'新汉风'建筑的研究和探索"课题。该课题的目的是要引导淮南现代城市建设重视汉文化的继承与创新，研究结果要求对淮南城市建设具有现实的指导意义。

在其后一年多的时间里，课题组成员经过多次讨论、修改和完善，在 2011 年 6 月提出了课题报告。报告对中国地域建筑创作的发展和现状作了调查和分析，提出了在全球化背景下重新诠释地域建筑的重要性，并通过对汉代文献资料、汉代相关遗存的研究和分析，梳理和汇总汉代建筑的样式。作为课题研究的操作性成果，课题组调查了淮南市与汉文化相关的历史和现状，提出了在淮南市营建"新汉风"建筑的体系。

2011 年 7 月，由袁培煌建筑大师主持的"淮南市汉代建筑传承与创新"专家研讨会在合肥举行。专家组肯定了在全球化背景下研究和探索汉文化的特殊意义，并对该课题如何进一步提升理论价值和实践指导意义提出了独到而诚恳的意见。在此，向中南建筑设计院的袁培煌大师、安徽省土木建筑协会的张振民秘书长、东南大学建筑学院的单踊教授、华中科技大学建筑与城市规划学院的李晓峰教授、中国美术学院史论系的黄河清教授、中南建筑设计院的刘安平总工程师、合肥工业大学建筑与艺术学院的苏继会教授、安徽建筑工业学院建筑与规划学院的姜长征教授、安徽省建筑设计研究院的高松院长表示衷心的感谢！

地域建筑的创作一直是中国建筑界关注的问题，特别是在当今全球化背景

致
谢

下，如何从城市历史文化资源的整合和利用角度，创建有特色、有文化的中国现代城市，是本书拓展和提升的内容。本书在梳理了汉代建筑艺术风格特征的基础上，突出了从现代符号论的角度来诠释汉代建筑的布局和形式特征，并根据淮南城市建筑的需求，从传承、创新、协调和评价的角度建构了"新汉风"建筑的体系，提出了汉风建筑的重构方法。

在中国城市开始意识到传承本土文化重要性的大背景下，希望本书对淮南市的"新汉风"建筑创作具有一定的指导作用。其成果对促进中国汉文化的传承和发扬提供一些借鉴，为中国建筑师的多元化、地域化设计起到抛砖引玉的效果。同时，也期待关心城市风貌特色和传统文化事业的社会各界的批评和指正。

课题组成员为本书的出版作出了很多努力和贡献，在此再次表示衷心的感谢。

**成祖德　王　洁**
2012 年 12 月

# 目录

目

录

## 中　篇　基础：汉代建筑艺术的诠释

目
录

# 下 篇　应用：汉文化在淮南城市建设中的传承和重构

# 绪　论

## 一、研究的缘起

### （一）城市风貌特色的普遍丧失

　　20 世纪，随着中国城市化和城市扩张进程的快速发展，在追求合理化、功能化的原则下，中国的城市和建筑变得千篇一律，原有的地域文化和城市风貌特色逐渐丧失。在城市建筑领域中，文化的趋同现象随着现代主义建筑的兴起和扩张而逐步全球化。全球化一方面促进了世界建筑文化的交流和对话，使世界各个国家和地区共享新的建筑技术和建筑材料，使得各个建筑流派、理论在全世界范围内广泛传播；另一方面，地域建筑文化逐步受全球文化的侵蚀，其各自所具有的"地方性"被广泛的"国际性"所取代。

　　但是，以现代化为标志的全球经济一体化并非全球文化的一体化。在全球化背景下，在经济、科技与国际接轨的同时，中国城市开始意识到必须致力于复兴地域文化，城市的独特性才能得到传承和发扬。安徽省淮南市城市管理部门意识到 21 世纪是一个多极和多元文化的世纪，城市规划及建筑设计领域内的文化价值观念也应该是多元化的。淮南市应正视时代与地域的存在，以审慎的态度去分析、研究地域特征和传统文化，在城市建设中协调全球性与地域性的矛盾，保证城市的历史、文化和特色得以延续和发展。所以，淮南市城乡规划局与浙江大学建筑设计及其理论研究所共同开展了关于汉风建筑的诠释与重构的研究。

## （二）城市文化身份的需求

在中国城市化的进程中，常常面临一个重要的问题，即应当如何继承和发扬传统，又该如何面向未来？当面对全国各地越来越多相似的城市面貌和国际式建筑风格时，人们开始重新意识到城市文化身份的重要性。在城市文化身份需求的现实要求下，城市文脉的再生、历史文化资源的继承与利用是必须面临的问题。

历史文化是彰显城市特色的重要元素之一。一个有特色的城市具有在认知上的清晰度，能增进广大市民和来访者对该城市的理解，增加其亲和力、吸引力和感染力。在今天的中国，迫切需要通过历史文化资源的整合、再生和利用，创造出新的、本土化的城市和建筑，这也是城市管理的主导者和公众对城市文化身份的期盼。在全球化影响越来越强大的背景下，一种历史的危机感使得中国城市的管理者、规划师和建筑师们正在做各种努力，创造性地呈现中国悠久的历史文化传统，尝试把传统建筑文化与当代建筑设计理念和方法相结合，创建具有地域和文化特色的城市和建筑。

因此，在当今的全球化背景下，一方面城市文化身份有回归本土的需求；另一方面还要寻找地域文化、传统文化和时代发展的契合点。因为，随着时代的变化、技术水平的提高和社会要求的改变，传统城市和传统建筑的许多成熟体系和经验已经不适应现代城市建设和建筑创作。现代城市和建筑必须在当前的技术条件和文化背景下，通过新的方法传承城市的传统，使城市和建筑真正成为历史和文化的重要媒介和传播者。也就是说，城市建设应顺应全球化与地域化的召唤，将本土的历史和文化特色作为城市建设的最终目标。

## （三）淮南复兴汉文化的需求

早在新石器时代就有人类在淮南地区繁衍生息，"淮夷"人在此形成部落。西汉时期，淮南王刘安就在八公山（现在的淮南市西部城区）招贤纳士，著书立说，编纂了包容万象的千古名著——《淮南子》。淮南作为楚汉文化的策源地之一，有着深厚的汉文化渊源，这也构成了淮南地域文化的特色。

在淮南的现代城市建设中，对复兴地域历史文化有迫切的需求。充分利用汉文化遗产，对淮南的城市建设有着不可衡量的潜在影响。如果我们对淮南汉文化历史仅仅处于一个被动的维持状态，那么历史的光辉只会在快速城市化进程中逐渐地减损、消失。所以，我们应该采用一种积极的思考方式，在淮南的汉文化历史环境中注入新的活力，赋予城市和建筑以新的汉文化内涵，使城市文化的记忆得以延续与创新。这对提升淮南城市的文化品质、寄托市民的历史情感、丰富市民的生活有较大的现实意义。

但在重拾汉文化传统的同时，要使传统文化与当今的时代背景相契合。汉代建筑艺术的形式、风格及群体组合方式来源于其所处的自然环境以及长期形成的生活习俗、宗教文化等人文因素。如果脱离了这些背景因素，建筑就失去了基本的文化价值和存在的根基。现代建筑技术的发展，降低了自然环境特征、历史文化特征对建筑形成的制约能力。当今的建筑材料、施工方法等物质技术条件与汉代完全不同了。同时，人的审美心理也具有时代性，人们不会满足于欣赏没有新意的信息和创意而只是简单地模仿汉代建筑所得到的建筑形式。因此，反映汉文化的建筑在淮南市有一定的建设需求，并且这种建筑创作应该是符合时代要求、将汉代建筑艺术的思想和内涵经过因地制宜的整合而形成的创新体系。

当代城市特色的形成不仅仅是城市管理者和规划设计师的个人问题，历史文化的介入对当代城市文化更具有推动作用，如提升城市的文化品位、触发市民的思古幽情。这也是汉文化对当代淮南城市建设的意义所在。

## 二、研究目的

本研究重点是在全球化背景下，探索适合淮南城市建设需求的汉风建筑的体系研究与设计引导。

本书的目的，首先是探讨如何在全球化背景下，在中国的城市建筑创作中体现历史文化特色这个长期受关注的问题。其次，在理论层面对既往的汉代建筑研究进行梳理，并借鉴现代符号学原理，归纳出当今值得继承和发扬的汉代建筑特征。最后，在应用层面，从构筑淮南城市特色出发，从空间布局、建筑形态以及装饰和色彩等主要方面，确立一些在淮南建筑创作中彰显汉文化的方式和方法，为淮南地域建筑创作和实践提供有益的指导。

# 三、研究思路

人类文化的一大特征就是能使用符号来传达意义、交流思想和感情。地域建筑在某种程度上也是通过符号化的感性形象来传达文化内涵。建筑师就要善于发现和提炼隐藏于形象之后的文化意义，用特征性的符号语言，联系与特定的文化情景，并以此来诠释城市独特的文化内涵。

建筑艺术的精神形态往往不易把握，而且它最终仍需借助具体的物质形式来传递信息。因此，本研究借鉴现代符号学的方法，简化和提炼汉代建筑的布局、形象、装饰等特征元素，并升华为一种具有显性表征性的符号。本研究提出的淮南"新汉风"建筑，希望将汉代建筑艺术的思想和方法进行因地制宜的整合，通过传承、融合、创新等方法，融合现代建筑设计理念及现代技术，达到超越汉代建筑艺术的表象、体现汉代建筑艺术的本质与精髓的目的。

# 四、主要内容

本研究分为三大部分，主要内容如下。

上篇是语境，从地域建筑创作和城市风貌特色建设两个方面，探讨历史文化资源整合和利用的方法。第一章探讨历史文化与当代地域建筑创作的关系。首先，论述了在全球化背景下对地域建筑的理解；其次，阐述了国内外地域建筑理论的概况和对当今设计的启示；最后，分析了亚洲国家对地域建筑创作的多样化探索。第二章探讨历史文化资源利用与城市风貌特色营造。首先，论述了对城市风貌特色的理解；其次，论述了历史文化资源利用的主要方法；最后，以西安、杭州和徐州为例，从创建城市风貌特色角度，分析了有效利用历史文化资源的各种实践探索。

中篇是基础，是对汉代建筑艺术的诠释。第三章是汉代建筑艺术概要。从影响汉代建筑艺术的风格特征、汉代城市的布局和构成、汉代建筑的营造技术等三方面展开论述。第四章是基于符号学的汉代建筑诠释。从现代符号学的角度，从汉代地上建筑遗存和地下建筑遗存这两个大类，分别诠释汉代建筑的样式，并从

汉风建筑 de 诠释与重构

布局样式、形态样式、装饰和色彩样式等三个主要方面提取当代值得继承和发扬的汉代建筑符号。

下篇是应用，是汉文化在淮南城市建设中的传承和重构。第五章是淮南的城市特色营建策略。首先，分析淮南当前的城市风貌特色；其次，剖析淮南汉文化资源的传承和利用状况；最后，提出淮南城市特色的营建引导。第六章是淮南汉风建筑的重构体系。在探讨营建汉风建筑可行性的基础上，提出淮南市"新汉风"建筑的营建策略和体系，并明确"新汉风"建筑的适用范围和适用建筑类型。第七章是淮南汉风建筑的重构引导，从平面布局、建筑形态、装饰和色彩这三个方面，结合具体案例，提出了设计引导和应用。

## 参考文献

鲁海峰，姚帆．城市环境设计视野与文脉关系研究．徐州工程学院学报，2006，
　　12.

阮仪三，张艳华．20 世纪末中国城市及建筑仿欧仿古风格现象和原因．城市规
　　划汇刊，2003，1.

绪
论

# 上 篇

## 语境：历史文化资源的整合与利用

# 第一章　历史文化与当代地域建筑创作

汉文化资源是中国许多城市历史文化资源的重要组成部分，但因其距今年代久远，加上对汉代建筑的研究尚未形成完整的体系，故其在城市建设和建筑设计等方面的应用和实践较少。因此，有必要借鉴当代地域建筑的理论研究和多样化的实践探索，以得到有益的经验和启示。

## 1.1　全球化背景下地域建筑的理解

### 1.1.1　地域文化和传统文化的关系

地域文化是一个以传统文化为基础，积极汲取外来文化营养的文化有机体。地域文化始终处于发展、变革的过程之中，具有传统性和时代性的双重特征。跨地域的文化交流是地域文化发展和进步的必经之路。它包括地域传统文化和外来迁移文化；传统文化线性的历史发展和外来文化的多元移植，共同构成地域文化发展的主脉。

传统文化一般指在前工业社会语境中繁衍的地方文化。由于受到生产力水平的限制，传统文化的地域空间特征显著，往往具有历史积淀深厚、个性突出的特征。外来文化泛指区别于传统文化的不同文化语境。外来文化的迁移往往以先进的技术、观念为前提，是地域文化与时俱进的推动力。[1]

---

① 赵万民，王纪武. 地域文化：一个城市发展研究的新视野——以重庆、香港为例. 华中建筑，2005，5.

前工业社会的地域文化以传统文化为主导语境，主要以自给自足的方式构成一个相对稳定而封闭的文化生态系统。人们的聚居模式、建筑形态等地域文化的表征也主要以自我循环的方式缓慢演进。如中国传统木构建筑的布局和形态从汉代到清代是一个不断成熟和完善的进程，但其共同特色显著。

　　随着人类社会的进步和工业社会生产力的极大发展，地域文化的生存语境（物质文化、社会关系和意识形态等）发生了质的变化，导致传统文化的话语权逐渐减弱。工业社会的机械语境强势地冲击原有文化生态系统的平衡，标准化、大规模化的建筑语言带来了新的设计理念、新的建筑结构和材料，重新阐释了千百年来积累而成的城镇空间和建筑形态。

　　进入后工业社会，多元的地域文化又迎来了全球化语境的冲击。

　　全球化（Globalizatoin）概念始于国际经济学，它是伴随资本主义工业革命和世界市场的出现而产生的。无论承认与否，全球化既是一种客观事实，也是一种发展趋势，而且全球化不可能只是经济的全球化。英国社会经济学者莱斯理·斯克莱尔认为，全球化是以经济全球化为核心的，以通讯、旅游及生态的全球化为基本问题，而以文化、社会、政治影响为直接后果的一种社会变化趋势。它揭示的是全球不分贫富、不分种族、不分信仰、不分国界日益密切的相互依存状态。因此，全球化是人类生产和生活相互联系和依存的一种状态。这种状态是特殊性与普遍性、多样性和统一性、本土化和全球化的有机统一。①

　　全球化在多领域、多层面上发生，而且全球化的参与者是多元化的，它要求全球各组成部分之间的生产、生活和冲突和摩擦逐步减弱，相互影响和相互协调逐渐增加。所以，全球化过程是部分和整体的关系，是差异基础上的和谐，但并不要求同质化和趋同化。正如意大利学者康帕涅拉所说，全球化不是一种具体、明确的现象，全球化是在特定条件下思考问题的方式。

　　因此，一方面，全球化以不可逆转的趋势同化着地域文化的生产语境。不同地域的人们面临着共同的生活困境，从而使原先具有地域性的文化特征逐渐摆脱了传统生存环境和条件关系。在城市建设和规划设计领域，引发了城市空间和建

---

① 当代地域建筑文化分析. http://www.vartcn.com .

筑形态的趋同。另一方面，随着传统文化的觉醒和民族自信心的增强，日益完善的地域文化观念正在融合地域性、传统性与国际性，在建筑设计领域呈现多元化的地域建筑创作倾向。

## 1.1.2 地域建筑的理解

地域建筑作为一个整体概念，与一定地理区域和文化区域相关，不能简单地认为地域建筑是某个地点的个别建筑。地域建筑应是特定地域的个别建筑的集合。在建筑理论的表述中，地域建筑有着"民间建筑"、"乡土建筑"与"地方建筑"之说，这种传统农业社会生产条件下的没有建筑师的建筑，可视为地域建筑的某种传统。如图1-1所示的是浙江省义乌市佛堂古镇的传统地域建筑。在佛堂古镇历史文化街区，保留着大量清末和民国时期的婺派民居，由当地工匠根据代代相传的营造方式建造。而图1-2是佛堂古镇边上新建的当代地域建筑。该高层住宅的设计者以一种自觉的意识和行为，在建筑创作中运用现代技术和材料去体现和发展地域文化、审美习惯和构筑技术等，并使佛堂古镇的风貌得到较好的延续和过渡。

◇ 图1-1　义乌市佛堂古镇的传统地域建筑

◇ 图1-2 义乌市佛堂镇的当代地域建筑

因此，建筑的地域性不仅仅是地理概念，更多的是指当地居民在经历漫长的文化变迁过程后，面对外来文化的影响，如何自信于传统的信仰。这种集体性的信仰是地域文化的牢固体现，其实质是人的主体性在特定的自然与人文环境中的体现和创造。

随着社会的发展、技术的进步和审美观念的改变，中国当代地域建筑的创作经历了一个由自然到人文、由局部到整体的变化过程。地域建筑涉及了建筑与其所处的自然、物质和人文环境的关系等广泛问题。在当今低碳经济的背景下，地域建筑的创作一方面已经成为城市可持续发展研究的一个重要组成部分，即必须针对不同地区的自身特点，因地制宜，提出符合当地实际情况的设计原则和方法；另一方面，对于许多经济相对落后的地区和城市而言，对地域文化的探求既是强化本地域、本民族的集体认同感的重要手段，也是其在全球化过程中营建城市风貌特色的主要途径之一。

## 1.2 地域建筑的理论研究

### 1.2.1 国外地域建筑创作的思想

国外地域建筑创作的思想，最早可追溯到建筑理论家刘易斯·芒福德于20世纪40年代末提出的"地区风格"的主张。到20世纪60年代，现代主义建筑已经发展到了巅峰，同时也使不同地区、不同文化背景下的众多建筑师开始反省现代主义建筑的僵化模式，努力探索新的创作道路。一方面，在欧美许多国家，空间、场所、原型等现象学的概念开始作为构筑建筑的主体而受到重视和研究；另一方面，在第一代现代主义建筑大师相继去世以后，第二代现代主义建筑师如美国的菲利浦·约翰逊、美籍华裔建筑师贝聿铭等开始尝试修正和完善现代主义建筑思想，使其更符合时代发展的要求。

美国著名建筑师斯特林在"论地区主义与现代建筑"一文中，主张"考虑现实技术和现实经济"的"新传统主义"。建筑理论家肯尼斯·弗兰姆普顿在其《现代建筑——一部批判的历史》一书中，也专门论述了"批判的地域主义"。他认为如能

第一章 历史文化与当代地域建筑创作

在一定的地域内利用所在地形或典型特征，无论在美学上或在生态上，创造一种场所感，能有利于制止由于现代的产品制造及结构技术带来的建筑环境的单调感。

进入 20 世纪 90 年代以后，地域建筑受到全球性、地区性问题的影响，逐步发展为"国际 – 地区性建筑"的概念。一方面，由于交通的发达、信息传媒的进步，造成地域差异缩短，文化趋同现象迅速发展；另一方面，建筑的文化性要求建筑具有地域特质，要求本土文化的复归。这种二元性形成了"国际 – 地区建筑"的基础。

地域建筑创作思想对发展中国家（尤其亚洲国家的建筑）具有深远的影响。亚洲地域建筑理论在不同的区域及时期有不同的表现形式。其中，比较系统、具有国际影响的是以印度的查尔斯·柯里亚、斯里兰卡的杰弗里·巴瓦等南亚建筑师为代表的"热带地区建筑"理论，以及以马来西亚的杨经文为代表的"生态热带建筑"思想等。

例如，查尔斯·柯里亚创造性地提出"形式跟随气候"，他告诫人们"传统建筑，尤其是乡土建筑，使我们从中受益匪浅，它们逐渐发展形成一种具有基本共性的建筑原型"。如图 1-3 所示的干城章嘉公寓和巴哈文艺术中心，显示了柯里亚熟练掌握的一套调节气候的手法。庭院空间、半覆土的模式、屋顶平台、室内通风、大炮形采光窗等设计充分展现了对印度传统建筑气候处理方

◇ 图 1-3（1） 干城章嘉公寓

◇ 图1-3（2） 巴哈文艺术中心的大炮形采光窗

◇ 图1-3（3） 巴哈文艺术中心的庭院

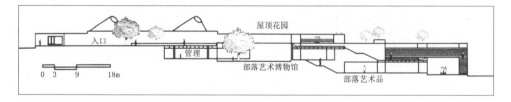

◇ 图1-3（4）巴哈文艺术中心剖面

式的发掘。

　　东南亚的地域建筑是一种自觉的艺术追求，用以表现某一传统对场所和气候所做出的独特解答，并将这些合乎习俗和象征性的特征化作为创造性的新形式，反映当今现实的价值观、文化和生活方式。例如，杨经文把握本土文化，在接受

英国高技派建筑理论和设计手法的基础上，运用本土文化中的神话、民俗、科学与人文，创建了富有个性的生态建筑设计方法和理论，使高技术与人文融为一体，为高技派开创了一条新路，充分体现了东南亚文化的魅力与潜力（见图1-4）。

◇ 图1-4（2）　美新尼亚加大厦空中庭院

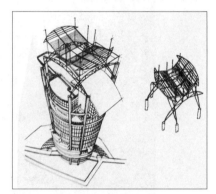

◇ 图1-4（1）　美新尼亚加大厦

◇ 图1-4（3）　美新尼亚加大厦双层屋顶设计

### 1.2.2　国内地域建筑创作的启示

中国建筑师为了继承和弘扬民族文化，创造出具有中国特色的地域建筑，经历了一个由"中国固有式"到"多元共存"的漫长而曲折的探索过程。吴良镛先生在其《广义建筑学》（1989年）一书中，最早详细介绍、分析和评述了世界各国地域性建筑的实践成果及主要理论，并提出了以整体观念研究地域建筑的思路。邹德侬先生在2001年出版的《现代中国建筑史》一书中，从地域性的角度精辟总结了现代中国建筑发展，指出："在中国尚不具备许多高科技手段的现状下，在中国建筑师还不太掌握相关科技手段的前提下，不妨从最熟悉的道路起步，这就是地域建筑。中国地域建筑成就很大，它是中国几代建筑师共同努力的结果；

其问题也比较集中，多表现为形式本位；但它前景广阔，可持续发展的建筑有可能从这里起步。"张彤在 2003 年出版了《整体地区建筑》，该书以自然、文化和技术为三个切入点，研究了建筑与地区自然、社会因素和技术传统的内在关联，借助"可持续发展"、"全球－地区建筑"、"适宜技术"等核心概念，提出了整体地区主义建筑思想。

从中国地域建筑研究可以得到以下三点启示。

第一，地域建筑创作没有僵化固定的模式或形式特征，只有建立一个随时代变化的灵活的、现实的设计及理论框架，才能在不断发展的物质与文化背景中，找到文脉延续与时代精神的交集点。因此，地域建筑的创作并不排斥现代建筑的形式和技术，也不排斥众多外来文化的交集和冲突。

第二，在对地域建筑形式的创造上，不再将传统的建筑符号或片断作为建筑地域性特征的主要表现手段，认为当代的地域建筑应是针对当地气候及人文特征而进行的现实再造，既有对原有地域性特征的延续和发展，又有对现时生活及文化的诠释。建筑的地域性特征塑造建立在对当地气候、地形等自然条件的适应上，建立在对整个区域的传统文化特色的批判吸收与创新上，建立在对当前建筑技术及资源的合理利用上。

第三，在对地域建筑研究的主体上，强调整体性的建筑群体及其环境比建筑单体更能体现地域特征。例如，单军认为，"单体建筑往往难以凸显出内在的地区共性"。"地区特性只有在更大的'地区'范畴才能充分显露，说明地区性是有许多空间层次的。除了单体建筑外，它在建筑群、街区、城市等不同层次能得到更充分的体现。"因为随着人类对居住环境认知和感知能力的大幅度提高，整体环境占有越来越重要的地位，强调城市、街区尺度上的地域建筑具有更重要的价值。[1]

① 单军. 批判的地区主义批判及其他. 建筑学报，2000，11.

# 1.3  地域建筑的多样化探索

## 1.3.1  东南亚建筑师的多样化探索

由于现代主义建筑千篇一律的抽象模式割断了建筑与地域文化的关联性，促使许多拥有悠久历史文化传统的亚洲国家的建筑师们，开始审慎地对待现代主义建筑的创作原则。建筑师在接纳现代主义建筑思想的同时，坚持并强调建筑的地域特征和民族特征，强调建筑与自然及周边环境的协调，强调建筑模式的多样性。[1]

受第二次世界大战战后强烈的民族主义思潮主导，东南亚现代建筑本土化初期试图通过现代建筑来表达民族主义的意向。但在20世纪60年代以前，大型公共建筑的设计者以外籍建筑师为主，他们按照民族独立国家发展的要求，相继把不同类型的现代建筑引入东南亚各国。部分外籍建筑师在现代化思潮与民族文化的冲突中进行了适应地方气候环境和人文特色的有益探索。但有的建筑师则把东南亚传统建筑的大屋顶简单地搬到现代建筑身上，并将其标榜为地方特色、民族风格。

20世纪60年代以后，随着东南亚各国现代化事业的发展，特别是本土建筑师相继从西方学成归来，本土建筑师组成的建筑师事务所逐渐壮大。同时，东南亚经济的起飞，推动了大量公共建筑、办公建筑、购物中心、高层建筑以及低收入住宅区的开发，有地方和民族特色的各类地域性现代建筑相继涌现。这些地域性现代建筑重视气候和文化，将传统乡土语言转换为兼具传统神韵与现代活力的新乡土语言，具有显著的人文色彩和生态色彩。

20世纪80年代以后，亚洲国家经济取得了快速发展，一批不断探索新乡土语言的本土建筑师开始在世界建筑舞台上占有一席之地。如居姆赛（Sumet Jumsai）的传统性抽象现代建筑（见图1-5）、林少伟（William S.W.Lira）的新乡土建筑实践（见图1-6）等，

◇ 图1-5（1） 居姆赛的机器人大厦

---

① 白淼. 武汉当代地域建筑特征研究. 武汉理工大学硕士学位论文，2007.

◇ 图1-5（2） 居姆赛的科学馆

◇ 图1-6（1） 林少伟的金里程建筑群

第一章 历史文化与当代地域建筑创作

◇ 图1-6（2） 林少伟的新加坡会议厅与工会大楼

提升了东南亚地域性现代建筑在国际建筑界的地位。它们或偏重于人文性而兼具生态性，或偏重于生态性而兼具人文性。一批真正追求地域文化内在精髓的建筑创作和探索开始得到应有的重视。

进入20世纪90年代以后，追求地域文化的东南亚建筑师有更多机会活跃在建筑创作和实践中，有的成功地从乡土文化内在的活力中提炼基本特征，并赋予其新的活力，为地域建筑的发展做出了世界性的贡献。

### 1.3.2　日本建筑师的多样化探索

在亚洲国家中，最具有长期和群体影响力的还是日本建筑师的探索实践。日本文化独特的兼容性以及日本传统建筑固有的简洁、开敞、流动的特征，为日本建筑界较全面、系统地接纳现代主义建筑的基本原则和手法提供了基础。但日本文化较强的自我意识也使日本现代建筑师在创作的过程中，不断地尝试具有本民族特色的内容和形式。

在明治维新（1868年）以后，日本建筑设计开始接受西方的建筑理念和风格，在保持日本固有的"和风建筑"的同时，开始兴建来自西方的"洋风建筑"；各种和洋折中的建筑探索孕育了日本现代建筑的萌芽。这一时期，"洋风"与"和风"的并存，也体现了现代建筑与日本传统建筑的冲突与调和。

20世纪初，一些建筑师开始留学欧美（如辰野金吾、渡边仁等），学习西方古典建筑样式，回日本后设计并建成了一些西洋风格的公共建筑、大型百货商店和办公大楼等。例如，图1-7所示的是地域重新开发后保留下来的明治生命馆。该建筑建于1934年，完全摒弃日本传统形象，外墙采用石材和砖，建筑样式也

汉风建筑de诠释与重构

◇ 图1-7（1） 再开发后保留的明治生命馆　　◇ 图1-7（2） 改造后的明治生命馆内部

与西洋样式完全一致。另外，也有一些建筑师追求传统与现代的结合，如吉田五十八提倡基于日本传统建筑文化的新兴"数寄屋"。

　　日本现代建筑的发展不仅受到传统文化的滋养，而且第一代现代主义建筑大师勒·柯布西耶、弗兰克·劳埃德·莱特的设计理念和方法在日本建筑师中展开的幅度和广度，也促进了日本现代建筑的快速成长。如图1-8所示是建立在东京上野公园内的国立西洋美术馆，该建筑由勒·柯布西耶设计，其弟子前川国男、坂仓准三、吉阪隆三人负责监督和建造，于1959年正式对公众开放。该建筑是专门展示西方艺术作品的美术馆，在1998年被评选为日本"百所最好的公共建筑"之一，在2007年被指定为"日本国家重要文化遗产"。建筑由清水混凝土和小细石构成灰

◇ 图1-8（1） 国立西洋美术馆外观　　◇ 图1-8（2） 国立西洋美术馆内部

第一章　历史文化与当代地域建筑创作

色外立面，非常纯净；底层架空、模数柱网、墙柱分离、具有雕塑感的楼梯也充分体现了柯布西耶的现代建筑理论。莱特在日本设计了 12 件建筑方案，其中实现了 6 件，对日本现代建筑的发展具有重要影响。莱特在日本东京设计了帝国饭店。该建筑建成于 1922 年，主楼用了现代建筑主流的钢筋混凝土构造及钢结构。在 1923 年发生关东大地震后，该建筑坚固地屹立在一片瓦砾中，为莱特赢得了很大声誉，也影响并促进日本建筑界对钢筋混凝土结构的抗震性的研究。图 1-9 所示的是该建筑的大堂部分被移筑到名古屋的明治村异地保护后的外观和室内状况。

在日本，第二次世界大战的战败挫败了民族自信心，某种程度上切断了传统文化的巨大张力，使得现代主义建筑在日本迅速发展。整体而言，日本关于传统的争论大致经过了以下三个时期：

◇ 图 1-9（1） 异地保护的东京帝国饭店大堂外观

◇ 图 1-9（2） 异地保护的东京帝国饭店大堂室内

第一时期是 20 世纪 10 年代，日本国会议事堂（见图 1-10）的西化样式激起了一场传统与现代的争论。此时，对如何传承传统建筑的主流理解主要有三个特征：①要用具体的建筑形式来表现传统；②这种具体的形式语言来源于寺院建筑；③要引进和利用西方最先进的建筑技术。

◇ 图 1-10　日本国会议事堂

第二时期是 20 世纪 30 年代，在建设东京都美术馆（1926 年开馆，1977 年拆除改造为庄园）、东京国立博物馆（1938 年开馆）这些有影响力的文化建筑时，前者采用的希腊罗马柱式，以及后者采用的横向线条和破唐风等传统建筑语言（见图 1-11），促使日本建筑界对传统的争论有了新的认识。日本建筑界开始认为"真正的传统"不是起源于中国的寺院建筑，而应该是日本固有的神社和数寄屋；传统不光要重视过去，更要重视对未来有效的建筑要素。建筑界把这些对未来有效的要素归结为 6 点：①平面和构造的简洁明快；②尊重素材美；③无装饰；④左右非对称；⑤和环境的调和；⑥规格的存在等。他们认为这些是应该继承和发扬的日本传统建筑文化要素。

第一章　历史文化与当代地域建筑创作

◇ 图 1-11　东京国立博物馆

　　第三时期是 20 世纪 50 年代，社会主义美学开始登场，对日本传统建筑的认识又有三个新的特点：①要更多关心民众的视线；②需要通过空间特征来把握传统内涵；③要关心日本固有的"绳文文化"的要素。

　　随着战后日本国民经济的快速恢复，20 世纪 60 年代是现代建筑占据主导地位的时期。但与 20 世纪 50 年代现代建筑的初创期不同，日本建筑师开始了现代建筑的日本文化探索。例如，人们在丹下健三的建筑作品中可以感受到日本的传统审美观念，他所追求的是把传统的日本审美观与现代建筑形式和城市建筑学等因素协调并融合在一起。丹下健三认为：应对传统形式进行创造性的继承，而不只是对形式本身的重现。如图 1-12 所示是他的代表作之一——国立代代木体育

◇ 图 1-12　国立代代木体育馆外观

馆外观，其优美、平静的屋顶曲线可以让人联想到传统的日本民居。但是无论是建筑的外在形式、建筑体量和平面布置，还是所采用的建筑材料和建造技术都是全新的。人们感受到了传统的精神，却看不到传统建筑构件的痕迹。

以丹下健三为首的日本现代派在强调西方现代建筑简洁、技术与功能等原则的同时，在建筑的细节处理上富有日本传统建筑的精细化，如丹下健三设计的广岛和平会馆（见图1-13）及其弟子菊竹清训设计的空中住宅（见图1-14）。这些建筑虽然采用现代建筑底层架空、自由空间等原则，但其清水混凝土饰面和建筑

◇ 图1-13（1）广岛和平会馆外观

◇ 图1-13（2）广岛和平会馆
细部

◇ 图1-14 菊竹清训设计的空中住宅

第一章 历史文化与当代地域建筑创作

细节显得精致、平滑，极具日本韵味，开创了既现代又具日本韵味的抽象表达方式，使得日本现代建筑设计独具特色，并受到世界的关注。

与此同时，以村野藤吾为首的折中主义建筑师，更加注重传承日本传统精神，并与现代审美相结合，十分重视建筑的立面装饰和细部处理。如图 1-15 所示，村野藤吾的作品"远看是现代主义，近看是传统风格"，使其建筑作品植根于深厚的日本传统文化，并受到日本民众的喜爱。

综上所述，20 世纪 60 年代以前的日本现代建筑的发展是传统文化与西方文化交融的过程，日本现代建筑的独特性就是在学习和应用西方经验时不失去自己的文化特征。其成功是建立在长期积累和沉淀的基础上的。20 世纪 60 年代以后，更多的建筑师以各自的方式进行了探索，创造出丰富多彩的日本现代建筑。

例如，桢文彦是细腻的、具有很强文化气质的建筑师代表。关于传统，桢文彦没有刻意考虑日本传统文化的影响与表现，他崇尚真实的、自然的表现，认为只要是真正精心地做一个建筑设计，建筑师自身固有的传统文化会自然而然地在作品中流露出来。他对日本式的空间和比例的表达达到了很高的境界。如图 1-16

◇ 图 1-15　村野藤吾设计的广岛和平纪念圣堂

所示的是对代官山集合住宅街区中建筑转角处的处理。桢文彦的设计看似现代主义，但他对建筑材料的运用和纤细的细节处理，给材质以独特的生气和日本传统文化的韵味。同时，桢文彦的作品使建筑的抽象性和材料的质感同时成立，而这种感觉是很独特的、很日本化的（见图1-17）。

◇ 图1-16 代官山集合住宅的建筑细部

◇ 图1-17（1） 福冈男女共生中心的 多种立面材料运用

◇ 图1-17（2） 福冈男女共生中心的庭院

第一章 历史文化与当代地域建筑创作

黑川纪章作为丹下健三的学生，热衷于把传统建筑的形式与东方哲学糅合，展现新的建筑形式。他将互相矛盾的元素以共存的方式发展出建筑空间新关系，认为建筑的地域性是多种多样的，可以相互渗透，成为现代建筑不可缺少的内容。黑川纪章把建筑传统分为"看得见"（建筑形式、装饰等）与"看不见"（思想、哲学、宗教、审美意识、生活方式等）两部分，他把研究的重点放在了"看不见"的部分。所以，他的作品中体现的不是传统建筑的形象，而是一种内在的"和风"精神。例如，他提出的"灰空间"的建筑概念，一方面是指色彩，另一方面是指介于室内和室外的过渡空间。前者是他对日本茶道创始人千利休阐述的"利休灰"思想的继承，使其灰色建筑符合日本民众的审美意识；后者是指他大量采用庭院、过廊等过渡空间，并将其安排在重要的建筑位置（见图1-18）。

◇　图1-18（1）　和歌山现代艺术博物馆台阶　　◇　图1-18（2）　太平洋大厦日本庭园

　　安藤忠雄则从另外的角度来看待传统与现代。其简洁、素雅的空间中包含流动的光线，流露出日本传统数寄屋的审美意识和精神实质。例如，如图1-19所示是光的教堂1期室内，光线打破几何空间的沉默感，让人在简洁中感到深奥。

汉风建筑 de 诠释与重构

◇ 图 1-19　光的教堂 1 期室内

在光的教堂 1 期和 2 期室内空间中，安藤都采用了高采光的方式（见图 1-20）。其惯用的高采光方式来自他对日本町家光线从高处进入的体察和感受（见图 1-21）。这种日本式的光空间趋于柔和，没有西方建筑中通过光的对比所造成的力量感，传达出日本固有的和谐之美。安藤忠雄惯用的清水混凝土与数寄屋中的木材也较为相似，其独特的清水混凝土能创造出与数寄屋相媲美，又呈现出一种富有力度感的肌理和蕴藏着潜在能量的质感（见图 1-22）。内外墙都采用清水混凝土，也符合日本人朴素的灰色美学和对材料原质的偏爱（见图 1-23）。

　　安藤在惯用的庭院的构成要素上，继承了日本传统枯山水庭院构成要素的纯

第一章　历史文化与当代地域建筑创作

◇ 图 1-20（1） 光的教堂 1 期的高采光 ◇ 图 1-20（2） 光的教堂 2 期的高采光

◇ 图 1-21　日本町家的高窗及其室内

汉风建筑 de 诠释与重构

◇ 图 1-22　光的教堂 2 期室内清水混凝土质感

◇ 图1-23（1） 日本高山的传统町家外观

◇ 图1-23（2） 日本高山的传统
町家室内

汉风建筑de
诠释与重构

粹性，只用清水混凝土墙面制造出均质的表面。在这种表面所围合的空间中，光影成为组织空间的重要因素。变幻莫测的光影从庭院投入室内、地下，产生幽静的美，从而创造出体现传统禅宗精神的都市庭院。[①]但安藤对传统的由平面展开的回游式庭院又作了创新，如图 1-24 和 1-25 所示是安藤设计的位于京都市的陶版名画的庭院，其剖面图中展现的立体庭院的展开方式，让人感受到现代与传统的对话。

由此可见，日本建筑师根据各自对建筑的现代与传统的理解，从不同的途径与角度来诠释具有日本韵味的现代建筑。日本建筑师的建筑观和研究问题的着眼

◇ 图 1-24　陶版名画的庭院

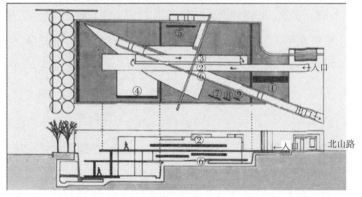

◇ 图 1-25　陶版名画的庭院的平面和剖面图

① 任军. 日本当代建筑庭院空间的继承. 新建筑，1998，1.

点各不相同，但相同的是都没有依赖传统的建筑形式，而是致力于从内涵的层次上来理解传统，把握日本传统文化的精髓。

### 1.3.3　中国建筑师的探索历程

传统与现代的关系一直是中国建筑师孜孜以求的问题。20世纪20年代以后，中国第一、二代专业建筑师的出现，商埠城市的快速发展加快了中国吸收西方建筑理论及技术的步伐。一批留学国外的青年建筑师学成回国后，相继在上海、天津等地成立了设计事务所，他们早期的作品带有明显的中西折中主义思潮和手法。因为在"五四"运动后，国内民族意识高涨，在国民政府大力提倡中国固有文化的大背景下，建筑领域开始出现以探索"中国固有形式"为特征的建筑创作潮流。这是中国建筑界对外来建筑文化进行"本土化"的一种积极尝试，即在建筑风格上采用中国传统建筑的局部形式或片断，而建筑的内部空间及功能仍然按照现代的需求加以布置。

1949—1979年，是现代主义思潮的传播与强调中国民族形式的反复期。

20世纪50年代，以中国传统大屋顶形式为基本范式的民族形式创作是公共建筑表现的主要形式，并取得了较突出的成果。从初期的北京友谊宾馆（1954年，建筑师：张镈、孙培尧等）、南京大学东南楼（1955年，建筑师：杨廷宝）和重庆宾馆（1955年，建筑师：徐尚志），到后期的广州科学会堂（1958年，建筑师：林克明）、北京火车站（1959年，建筑师：杨廷宝、陈登鳌）、民族文化宫（1959年，建筑师：张镈、孙培尧等）和全国农业展览馆（1959年，建筑师：严星华），可以看出中国老一辈建筑师在适应现代功能的同时，对传统建筑形式的表现技艺十分娴熟，将传统建筑优美的屋顶曲线和成熟的比例尺度与现代功能的建筑体量有机地结合在一起，从而创造出了富有中国文化特色的折中风格。同时，也有和平饭店（1953年，建筑师：杨廷宝）那样造型简洁、因地制宜、功能与场地完美结合的现代主义佳作。但受当时经济条件的限制，大量的建筑设计力求节省，以经济实用为主，建筑造型多为在现代建筑风格下局部的装饰和细节刻画。

20世纪60年代以后，由于国民经济状况的恶化和随后"文化大革命"的干扰，中国的建筑创作逐渐处于停顿状态。

20 世纪 70 年代，在国民经济恢复和发展时期，有限的经济能力使得强调功能、反对复杂装饰的现代主义思想得到广泛接受，并逐渐成为大量民用建筑的主流。20 世纪 70 年代中期以后，为了适应我国外交、外贸活动扩大的需要，全国一些大城市相继修建了一批面向外宾的接待服务设施，为建筑创作提供了难得的实践机会。结合当地实际、因地制宜的地方性建筑开始出现并发展，成为这一时期最具活力和特色的一种创作力量。如广州白云宾馆（1975 年）在建筑平面布局和内部空间组织上力求适应当地的地形与气候。如图 1-26 所示的是白云宾馆的中庭，利用原存的三棵古榕树，再通过瀑布、景石、水池形成了一个极具特色的庭院空间，并以曲桥、亭子彰显当地民居形式，体现出独特的岭南地域文化特征。

◇ 图 1-26　广州白云宾馆的中庭

20 世纪 80 年代至今，是国际流行趋势与地域文化的多元共存时期。中国建筑师在深入研究西方现代建筑理论的基础上，开始了自身多元化的探索之路。在 20 世纪 80 年代初期，旅馆、办公建筑作为最早引入的西方现代建筑类型，使中国建筑师首次体会到了不同文化背景和设计体制下建筑创作理念的巨大差异，其中最引人瞩目的是由美籍华人建筑师贝聿铭设计的北京香山饭店。图 1-27 所示的是香山饭店的内庭和外景，充分展示了传统与现代的结合。该建筑借用江南民居的色彩、材料和装饰语言，产生精致、高雅的传统精神特质，极大地影响了当时建筑创作的审美标准，在很长一段时间内被当做现代建筑功能与传统形式完美结合的范例。

1986 年，建设部优秀建筑设计评奖是一个信号，标志着多元的建筑设计取向开始成为主流。在获得一等奖的 3 个建筑中：拉萨饭店把藏式亭子置于现代建筑围绕的庭院中，是地区特色和现代形式的加法；阙里宾舍则试图再现中国古典的辉煌，是现代技术再现传统形式，这个作品进一步巩固了现代建筑功能结合传统建筑符号这种创作模式在国内建筑界的主导地位；北京国际会展中心则完全采用现代样式，是西方形式和技术的引进搬用。可以说，对于外来技术、思想和形式如何与中国的现实相结合这样一个重要问题，中国建筑界选择了多元的答案。[1]

根据武汉理工大学白淼的总结，综观 20 世纪 80—90 年代，对地域建筑创作的探索，大致可分为三类作品。

第一类是与特定的重大历史事件相关的建筑创作，通过突出事件与特定地点、发生背景的密切关系而体现出作品的地域性。如侵华日军南京大屠杀遇难同胞纪念馆（1985 年，建筑师：齐康）、南京梅园新村周恩来纪念馆（1988 年，建筑师：齐康）和山东威海甲午海战馆（1988 年，建筑师：彭一刚、张华等）等。这类建筑创作由于历史事件与发生场地的唯一关联性，因此并不拘泥于当地传统建筑文化的形式延续，多采用雕塑性的构成手法强化建筑的含义与主题。

第二类是将某一地域的主要文化特征作为表现主题的建筑创作。由于作品功能与性质的不同，其既有对传统建筑形式的继承与再创造，又有独特新颖、以抽

① 郝曙光. 当代中国建筑思潮研究. 东南大学博士学位论文，2006.

◇ 图 1-27（1） 北京香山饭店内庭

◇ 图 1-27（2） 北京香山饭店室外庭院

第一章 历史文化与当代地域建筑创作

象形式表达地域特征的佳例。如陕西历史博物馆（1991年，建筑师：张锦秋）和西安大雁塔风景区"三唐工程"（1988年，建筑师：张锦秋），以气势恢弘的唐代风格为主要创作形式，体现出西安作为汉唐古都所蕴涵的历史积淀与文化品位。山东省博物馆（1992年，山东省建筑设计研究院）、曲阜孔子研究院（1999年，建筑师：吴良镛等）虽然也采用了大屋顶的建筑造型手法，但风格上以高台建筑形式为主，体现出齐鲁文化辉煌的历史渊源。敦煌航站楼（1985年，建筑师：刘纯翰）、上海博物馆（1995年，建筑师：邢同和）则是放弃传统建筑的具体形式、追求以现代建筑语言诠释文化内涵的代表性作品。简洁的体量、虚实的对比和在细节上文化艺术符号的提炼运用，是这些作品创作的共同特点，这也为此后中国地域建筑创作提供了一种新思路。

第三类地域建筑创作是将地域性的自然、人文特征作为限制条件，以顺应场地自然条件、保持场地文脉延续为原则的一种创作方式。这种创作倾向最早可追溯到前述的广州白云宾馆，其在总体布局上不仅巧妙解决了狭窄用地与城市交通的突出矛盾，而且使建筑裙房与江岸环境有机地融合在一起。内部空间借鉴岭南传统园林的造景艺术手法，创造出一种自然亲切的庭院空间氛围，体现了岭南建筑重视自然的情趣和风格。在福建武夷山庄（1983年，建筑师：齐康）的设计中，不仅建筑布局注重与环境的融合，建筑造型也采用了经过简化提炼的地方传统民居形式，在内外建筑空间上多处采用地方材料和当地的传统技艺，体现出浓郁的地方风情。其后的深圳南海酒店（1986年，建筑师：陈世民）、江苏无锡太湖饭店（1986年，建筑师：钟训正）、杭州黄龙饭店（1987年，建筑师：程泰宁）都是从当地民居和传统建筑中吸取创作灵感、充分利用场地条件的佳作。

进入21世纪，中国的地域建筑创作在经历了上述由表及内、由普遍模仿引用向各具个性发展的探索过程后，一些建筑师开始以具体而独特的场所条件作为设计的主要依据和表现对象，把建筑与场地独一无二的对应关系作为创作表现的真正目标。随着社会的发展、技术的进步和生活方式、审美观念的改变，地域建筑的创作经历了一个由自然到人文、由局部到整体的变化。地域建筑涉及了建筑与其所处的自然、物质和人文环境的关系等广泛问题。因此，地域建筑的创作在当今低碳经济的背景下，已经成为城市可持续发展研究的一个重要组成部分，即

汉风建筑de诠释与重构

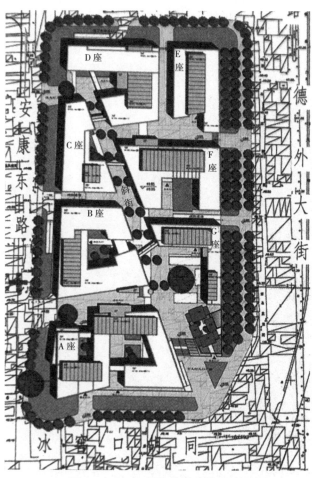

◇ 图 1-28（1） 北京德胜尚城总平面图

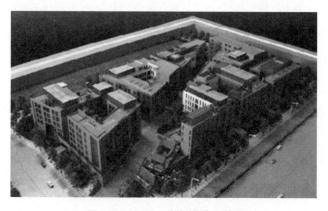

◇ 图 1-28（2） 北京德胜尚城模型

必须针对不同地区的自身特点，因地制宜，提出符合当地实际情况的设计原则和方法。

例如，图 1-28 是北京德胜尚城的总平面图和模型。北二环上的德胜门是北京古城仅存的两座内城城门楼之一，而写字楼基地就位于德胜门城楼外的西北约 200 米处。基地位置的特殊性决定了无论采用何种设计风格，200 米的距离都将使现代写字楼和历史古迹之间产生一种强烈的互动关系。因此，为了呼应 200 米处的德胜门古迹，为了塑造新型的办公空间，为了体现传统的宜人尺度和亲切的院落空间，崔凯院士将原本庞大的办公建筑体量分解，形成 7 组庭院式组合的多层建筑群；贯穿基地的斜街形成观赏德胜门的视线通廊，并贯

穿由建筑围合的庭院和广场，一起为城市提供了一个供行人驻留休息的开放空间（见图1-29）。一排一排由建筑比邻串联组成的小街道，是北京古老胡同的现代版本。这些手法打造出了一个新型办公场所，形成了一个充满传统意味的整体布局。

◇ 图1-29　北京德胜尚城的斜街

汉风建筑de诠释与重构

　　王澍设计的中国美术学院象山校区是中国传统建筑文化在大规模建筑中的极好诠释。如图1-30所示的教学楼屋顶运用了变形的手法，将双坡屋面基本形体做弯曲及拉伸的变形，以此来适合基地条件和现代功能要求，打破传统屋顶的定式，充分显示新地域建筑的魅力。面对当下中国城市的大规模拆毁重建现象，不同年代的旧砖瓦从浙江全省的拆房现场被回收到中国美术学院象山校区，这些地方建筑材料在这里循环利用，重新演绎了中国可持续性的建造传统（见图1-31）。象山校区内的所有建筑都采用青瓦、灰砖、素混凝土、原木等朴素的材料，其多样的砌筑方式体现出现代与传统共存的特色。

　　综上所述，中国建筑师在传统和现代的张力下不断探求文化的时空对接，以多元化的方式探索和选择建筑文化的时代价值和传统价值。

◇ 图1-30 传统屋顶形式的拉伸变形

◇ 图1-31 旧砖瓦的再利用

第一章 历史文化与当代地域建筑创作

## 参考文献

白淼.武汉当代地域建筑特征研究.武汉理工大学硕士学位论文，2007.

杜辉.建筑材料的地域性表达方法研究——追寻材料的"本"与"真".厦门大学硕士学位论文，2009.

郝曙光.当代中国建筑思潮研究.东南大学博士学位论文，2006.

何柯.从模仿到回归——论日本现代建筑发展的五个阶段.A＋C，2010，12.

肯尼斯·弗兰姆普顿著.现代建筑——一部批判的历史.张钦楠译.北京：生活·读书.新知三联书店，2004.

李冰.经济全球化与中国现实问题的思考.山东教育学院学报，2001，6.

罗汉军.乡土的追求——东南亚地域性现代建筑浅论.建筑与文化 2008 国际学术讨论会论文集，2008.

邱蓉.浅析商业街区的人文环境研究.建筑设计管理，2011，6.

任军.日本当代建筑庭院空间的继承.新建筑，1998，1.

宋晟.对当代地域建筑创作的几点思考.华中建筑，2007，1.

单军.建筑与城市的地区性.北京：中国建筑工业出版社，2010.

单军.批判的地区主义批判及其他.建筑学报，2000，11.

孙亚光.全球化背景下地域性建筑的创新探索.美苑，2008，6.

唐松.关注此时此地——建筑方案设计的一种策略.武汉轻工设计，2001，2.

韦庚男.东南亚现代建筑发展进程.A＋C，2010，12.

吴良镛.基本理念·地域文化·时代模式——对中国建筑发展道路的探索.建筑学报，2002，2.

许洁.西安"新唐风"建筑评析.西安建筑科技大学硕士学位论文，2006.

杨华文，蔡晓丰.城市风貌的系统构成与规划内容.城市规划学刊，2006，2.

杨振，陈娇.全球化与地域建筑文化.华中建筑，2007，1.

姚青石.巴蜀地域性建筑创作手法剖析.重庆大学硕士学位论文，2007.

张建涛.基于和谐理念的当代地域建筑释义.南方建筑，2009，5.

张彤.整体地区建筑.南京：东南大学出版社，2003.

赵鸿灏.地域文化对当代中国建筑创作的影响——地域文化与多种建筑因素关系的解析.大连理工大学硕士学位论文,2006.

赵万民,王纪武.地域文化:一个城市发展研究的新视野——以重庆/香港为例.华中建筑,2005,5.

汪芳编著.查尔斯·柯里亚.北京:中国建筑工业出版社,2003.

郑时龄,薛密译.黑川纪章.北京:中国建筑工业出版社,1997.

邹德侬.现代中国建筑史.天津:天津科技出版社,2001.

第一章 历史文化与当代地域建筑创作

# 第二章

# 历史文化资源利用与城市风貌特色营造

　　城市是一个复杂的有机体，城市风貌既受当时国家和社会主流文化的主导，也会因官方文化、精英文化和大众文化的不同而形成不同的城市价值观，从而形成不同的城市风貌，体现出不同的时代特征。本章将重点探讨在当今全球化背景下，如何利用历史文化资源来营建城市风貌特色。

## 2.1　城市风貌特色的理解

### 2.1.1　城市风貌的内涵

　　城市风貌是城市主体对城市客体的主观认识，这既包括城市主体对于城市文化内涵的心理感知，即城市之风；又包括城市客体之于城市主体的物质空间形态反映，即城市之貌。因此，城市风貌包括"风"和"貌"两个构成要素，即隐性的社会人文环境和显性的具体环境要素。风貌中的"风"是"内涵"，是对城市社会人文取向的非物质特征的概括，是社会风俗、风土人情、戏曲、传说等文化要素的表现，是城市居民对所处环境的情感寄托，是富有地域特色的"氛围"；"貌"是"外显"，是城市物质环境特征的综合表现，是城市整体及构成元素的形态和空间的总和，是"风"的载体。[①]

―――――――――――

① 刘慧，杨新海. 城市风貌设计初探. 小城镇建设，2010，9.

## 2.1.2 城市风貌特色的内涵

城市风貌特色关注作为审美对象的城市的审美特征，即某个城市所独具的个性化和典型意义的城市风貌。城市风貌特色是以特征化的城市形态与形象所显现的城市的文化价值；是对某个城市而言具有深层文化意义的城市形态特征，而这种形态特征可以由城市中的各种场景综合地反映出来，也可以在某些局部场景上突出地反映出来。

城市风貌特色营造是一个涉及城市社会、经济等多方面因素的带有全局性和整体性的工作。其大致可以归结为柔性的城市风貌特色和刚性的城市风貌特色。刚性特色即是纯形式的特色，如建筑风格，需要结合功能、文化、生态、社会和物质技术条件等的因果支持，才能带来长久的生命力。柔性特色是指在城市生态幅内生长出来的特色，是顺其自然的特色，是与生态、功能、社会生活相协调的特色。当今，城市风貌特色在某种程度上已被看作为"城市的品牌资产"，它具有增强城市吸引力、弘扬城市精神、提高城市知名度、吸引人才与资金技术等功能。在21世纪的社会经济条件下，城市风貌特色建设正在成为事关城市凝聚力和城市竞争力的课题。

## 2.1.3 城市风貌特色的相关因素

城市风貌特色与诸多因素有关，是在城市发展过程中形成的多因素的历史积淀。其中有些因素可以人为地改变，有些因素（如地理、气候、区域、历史等）是难以改变的。城市在其长期的历史发展过程中，由于自然因素与历史文化因素的长期相依相融作用而形成了一些独特的文化生活环境，如生态环境、居住形态、城市肌理、空间格局等。这些独特的文化生活环境是形成该城市风貌特色的基本因素，也是人们保持对该城市记忆的感性要素。这些特质在城市建设与发展过程中需要逐渐被人识知，因势利导地予以加强和提升。这些特质如果被忽视、淡化和削弱，会使城市失去原有的生命力和魅力。

如果我们在一个城市中感觉到文化特征的相同性在强度上压倒了审美特征的个性化，那么我们会较多地感到城市的雷同。而如果一个城市的特色城市风貌达到了一定的量，或是该方面个性化的风貌特征达到了一定的强度，我们就

会很容易地把它与其他在文化上类似的城市区别开来，这样的城市就会让人感到有特色。因此，在一些基本相近或类似的文化环境条件的城市中，规划师和建筑师就应当善于去发现和挖掘与众不同的、具有个性化特征的文化特质，发现与其他城市在形态特征上的差异性，并加以强化与弘扬，培育成该城市的风貌特色。

一个城市的风貌特色在其传承的过程中也会加上新时代的因素，产生一些新的文化特征。规划师和建筑师应当致力于挖掘能传承、弘扬和拓展城市原有风貌特色，并具有个性化和典型文化意义的城市风貌特质，并加以培育、提升、强化和放大，达到突显城市风貌特色的目的。

## 2.2　利用历史文化资源的建筑设计

### 2.2.1　新传统建筑的探索

对传统建筑文化的继承、应用和创新在中国有其深厚的文化背景，并一直伴随中国现代建筑的发展而发展。如第一章所述，早在20世纪二三十年代，中国建筑界就留下了一批成功地应用西方建筑技术、采用传统建筑形式的建筑，如燕京大学、协和医院、中山大学等。建国之初的20世纪50年代，在"社会主义内容，民族形式"思想指导下掀起又一轮传统建筑风潮，形成了以人民大会堂、中国历史博物馆和中国革命博物馆（后合并为中国革命历史博物馆）、民族文化宫、北京火车站等新中国十大建筑为代表的建筑模式（见图2-1）。

一些中国建筑师对传统建筑孜孜不倦的探索，既包括对传统建筑的保护和继承，也涉及对新传统建筑的营造；对中国传统建筑文化进行积极探索并已取得较大成果的是新传统建筑创作。新传统建筑是指现代建造的具有浓厚中国传统文化特色，能够被人们以及后代长期保留的有文化价值的建筑。它是传统文化与现代建筑相结合的产物，力求体现传统文化精神并将其融入现代文化中。如陕西历史博物馆、曲阜阙里宾舍、福建武夷山庄等新传统建筑，体现了将现代建筑功能与传统建筑形式结合的一种积极探索。

◇ 图2-1（1） 人民大会堂

◇ 图2-1（2） 民族文化宫

第二章 历史文化资源利用与城市风貌特色营造

例如，程泰宁院士对江南文化进行持续研究和应用探索，在新传统建筑创作上取得了丰硕的成果。他强调以"斯时、斯地、斯人"的态度去感悟与提炼江南文化，尤其注重发掘杭州的内在文化特质。他的建筑创造出一种空灵、轻巧、雅致的境界，反映了江南文化中朴实、自然的特质。如图 2-2 和 2-3 所示分别是程泰宁院士设计的黄龙饭店和浙江美术馆。由于作品的文化境界是建立在他对设计项目中众多功能、结构设备以及现代和传统诸多矛盾的把握与驾驭上，因而能获得学术界、建筑业和使用者的高度评价。

◇ 图 2-2（1） 黄龙饭店鸟瞰图

◇ 图 2-2（2） 黄龙饭店单体图

汉风建筑 de 筑
诠释与重构

◇ 图2-3（1）　浙江美术馆外景

◇ 图2-3（2）　浙江美术馆内庭

## 2.2.2　文化消费时尚建筑

　　20世纪80年代以来，在保护历史文化名城、"夺回古都（城）风貌"等思想引导下，全国各地掀起了仿古风潮，出现了很多"唐城"、"宋城"、"明清一条街"等仿古街区。这股仿古风潮是在复兴传统文化的旗帜下，迎合了社会对传统文化的需求。其大部分项目是对传统建筑的简单模仿或者是对传统建筑形式进行

变形的建筑。

　　如图 2-4 是江苏省盐城市打造的仿古商业街区——水街的模型照片和实景图。这种借用传统语汇维护传统风貌的做法，顺乎市场需求，有促进旅游和彰显民俗等综合效应。但有一些学者指出，许多所谓的古文化一条街，是用现代材料去模仿传统建筑的形式，或者是提取传统建筑的符号，其实质并没有复兴传统文化的自觉性，也没有探索建筑文脉的合理要求，只是迎合大众消费心理的一种跟风选择，是时尚建筑思潮的一种表象。这种大面积的建筑仿古，文化虽贯穿其中，但更多的是受经济利益驱动的功利行为。大量的仿古建筑过分强调甚至只强调形态、色彩等外在要素的刻意模仿而未能处理好由此形成的传统与现代之间的矛盾，导致人们对仿古建筑产生怀疑与误解。

　　一个城市的成功有许多因素，其中建筑也扮演着非常重要的角色。许多城市管理部门和城市发展机构正越来越多地运用文化相关活动作为促进经济再发展或城市复兴的手段。因此，城市风貌特色营建策略也被用作提升城市形象、加强城市竞争力的有效途径。[1]从营造城市风貌特色的文化特征性的需要来看，应该可以采用一些显现传统风貌特质的仿古建筑，其目的是为了强化人们对该城市风貌特色认知的感知度。

　　因此，应当提倡在特色的文化生活环境中实施一些仿古建筑。例如，南京秦淮河夫子庙一带的传统特色风貌是当地长期的历史文化积淀。历史的变迁和城市的不断更新建设，使原有的秦淮河的特色风貌景观已难觅踪影。但自 20 世纪 80 年代以来，经过不断的建设和更新，南京市还原了原有的"秦淮风情"（见图 2-5），成为展现南京城市风貌特色的重要场所。再如，2001 年成都市政府提出"三国文化产业区"概念，由成都武侯祠博物馆斥资，紧邻武侯祠建设了锦里仿古步行街（见图 2-6）。新建仿古步行街长近 400 米，宽约 2 ～ 4 米，占地面积约 9235 平方米，总建筑面积约 6520 平方米。尽管是全新之作，其整体采用明清四川古镇格局，街巷尺度宜人，建筑风格古朴亲切，体现了巴蜀文化的内涵，展现了成都市民的风土人情。因为锦里仿古步行街紧邻武侯祠，其特殊的位置和背景，使得新建步行街在

① 白德龙著. 现象学的研究——关于城市品牌的诠释 . 姚蕾蓉译. 理想空间（文化·街区与城市更新）. 上海：同济大学出版社，2006.

◇ 图2-4（1） 江苏盐城水街模型

◇ 图2-4（2） 江苏盐城水街实景

第二章 历史文化资源利用与城市风貌特色营造

◇ 图 2-5（1） 南京夫子庙商业步行街

典型化的街巷空间和建筑形态的背
后，隐含着深层次的文化底蕴，对
成都的特色文化和特色城市风貌起
到了传播作用。

如今，文化符号消费思想在
中国城市建设中随处可见，如对
大规模仿古建筑群的偏好，对宏
伟的城市形态的追求。古城和古
街的保护和更新最终成为旅游投
资项目等。由于历史文化街区积
淀的历史、文化底蕴在文化符号
消费中更显时尚性，因此这些区
域往往会被打造成为城市高品质
消费空间聚集的场所。[①]

例如，上海新天地将全球化
的现代因素与上海本地的石库门
建筑样式结合在一起，创造了一个
成功的消费文化模式，让石库门
从市民生活走向公众场所。图2-7
所示的是在上海新天地中保护的
里弄。图2-8是更新后的里弄建
筑，作为高档餐饮店使用。新天
地实质上成了一个聚会的时尚场
所，一个后现代的城市景观。此后，

---

① 王纬强，杨海. 消费的空间与空
间的消费. 理想空间（文化·街区与
城市更新）. 上海：同济大学出版社，
2006.

◇ 图2-5（2） 南京夫子庙

◇ 图2-6 锦里仿古步行街

053

第二章 历史文化资源利用与城市风貌特色营造

◇ 图2-7 上海新天地中保护的里弄建筑

汉风建筑 de 诠释与重构

◇ 图 2-8　上海新天地更新后的里弄建筑

全国各地出现的"新天地系"的营造过程中，具有地域特色的历史文化元素已经成为创建全球化消费空间与氛围的辅助材料。[1]如图 2-9 所示是杭州的西湖天地，是临西湖的高档消费场所。如图 2-10 所示是南京利用近代建筑构筑的又一个新天地——南京 1912 街区。该设计提炼了民国建筑的符号元素，用丰富的线脚、砖纹肌理再现历史文化氛围。

　　城市的历史文化资源是通过千百年沉淀下来的总体特征，其动人之处在于能令人回想起那个拥有美好记忆与个性特征的时代。而当历史文化资源进入市场后却往往变成一种文化资本。因为在全球化和城市化的大浪潮下，中国城市的历史文化被不断消解和蚕食，如今已成为一种稀缺资源并引发争夺。新天地系列的扩张复制过程中，我们可以清楚地观察到消费文化已经成为控制城市空间生产的一种有力手段。那些与意象、记忆相关的独特的城市生活体验，引领的不再是对地

① 包亚明. 消费文化上城市空间的生产. 学术月刊，2006，5.

汉风建筑
de
诠释与重构

◇ 图 2-9 杭州西湖天地

◇ 图 2-10　南京的新天地系列——南京 1912 街区

域性的城市生活的鲜活认识，它们只是作为认识不同的城市空间的标签，配合着资金和人员的全球性流动。[1]

　　如前所述，在以市场为主导的经济体系下，历史风貌街的时尚化实则是开发商投入大量财力，引入系列消费空间和文化场所的过程。但在政府部门和开发商大规模更新历史文化街区时也表现出一种矛盾：渴望获取商业利润的同时也渴望地域文化的回归。下面将以西安、杭州和徐州三个城市为例，阐述如何利用历史文化资源来打造城市风貌特色。

---

[1] 马武定. 风貌特色：城市价值的一种显现. 规划师，2009，12.

第二章　历史文化资源利用与城市风貌特色营造

# 2.3 利用历史文化资源的城市实践

## 2.3.1 西安唐代历史文化资源的利用

### 1. 城市格局特色的形成

西安——古称"长安"，是举世闻名的世界四大文明古都之一，居中国古都之首，是中国历史上建都时间最长、建都朝代最多、影响力最大的都城。西安浓缩了中国历史的精华，从奴隶制社会的顶峰西周王朝、大一统帝国秦帝国、中国第一个盛世王朝西汉王朝到中国封建社会的顶峰唐王朝，西安书写了中国历史上最华彩的篇章。西周、西汉和唐代在西安建都的时间都很长。在唐朝之后的一些朝代，西安虽已不是都城，但因其关键的地理位置而深受历代统治者重视。图2-11是汉代长安城布局示意图。西安城市格局的形成大致经历了以下几个阶段。

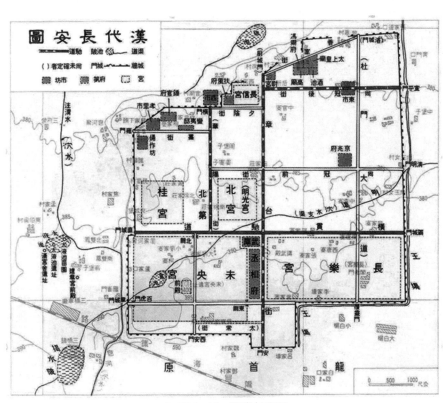

◇ 图2-11 汉代长安图

（1）周秦基础期

西周的丰镐是中国历史上第一座规模宏大、布局整齐的城市，位于西安西南沣河的两岸。

秦都咸阳的布局具有独创性，在渭水南北范围广阔的地区建造了许多离宫，将咸阳周围两百里内大批宫殿连成一个有机整体，模拟天体星象，突出了它的尊严。同时采取宫自为城，依山川险阻为环卫，使咸阳增添了辽阔无垠的雄伟气概。

（2）汉代定型期

汉长安城遗址位于西安龙首原北坡的渭河南岸一带，距今西安城西北约5千米，是当时世界上最宏大、繁华的国际性大都市。为配合地形及现状，汉长安城形制是不规则的斗形，故称"斗城"。汉长安城地势南高北低，俯瞰全城，成为群宫之首。庞大的宫殿群，加上相关的府库、公署和府邸等，用地几乎占了全城面积的2/3，充分显示了帝居在整个城市中的主导地位，成为中国古代都城空间的特色之一。

（3）隋唐成熟期

今天西安城宏大规模和历史地位是从隋朝开始奠定的。隋代开国皇帝杨坚命当时的著名建筑师宇文恺重新规划设计西安城。宇文恺认为城东南的龙首原地势极好，适宜建大都城，从此奠定了长安城的规划和总体布局，当时叫大兴城。唐代又做了部分修缮和扩建，改称长安城。长安城的整体布局和街巷规划十分严整，它继承了我国古代都城规划布局的传统，中轴线对称格局，方格式路网，城市核心是皇城，三面为居住里坊包围。

（4）建国至今取舍更新期

今天的西安城以唐长安城为中心。主城区的布局凸显"九宫格局，棋盘路网，轴线突出，一城多心"的特点：东部依托现状发展成工业区；东南部结合曲江新城和社陵保护区发展成旅游生态度假区；南部为文教科研区；西南部拓展成高新技术产业区；西部发展成居住和无污染产业的综合新区；西北部为汉长安城遗址保护区；北部形成装备制造业区；东北部结合浐灞河道整治建设成居住、旅游生态区。

当代西安的历史文化资源利用，从城市整体风貌特色的宏观控制出发，逐步

第二章 历史文化资源利用与城市风貌特色营造

形成"在旧城以保护古城风貌为主，在四邻的新城区以创造西安新貌为主，在文物古迹周围地区保持建筑与环境相协调"的共识。[①]

## 2. 大唐不夜城案例分析

### （1）整体布局的特色形成分析

大唐不夜城在曲江核心商业区内，是集文化、旅游、商业为一体的大型城市综合体。大唐不夜城项目位于西安大雁塔脚下，大雁塔以"唐僧（玄奘）取经"故事驰名中外。其总占地面积 967 亩，南北长 1500 米，东西宽 480 米，是集历史街区、旅游观光和商贸、文化设施为一体的唐风商业城。建设内容主要为六个仿唐街区、一条步行街、唐城墙遗址公园和四个主题广场。大唐不夜城各组团建筑有明确的主宾关系，以中轴线对称分布（见图 2-12）。建筑群整体轮廓丰富，单层建筑和楼阁交错起伏，这些联系在各个布局之间表达着理性的逻辑和稳定的秩序，使全局浑然一体。建成后的大唐不夜城以其盛况空前、精彩纷呈的文化艺术盛宴

◇ 图 2-12　大唐不夜城鸟瞰图

① 许洁. 西安"新唐风"建筑评析. 西安建筑科技大学硕士学位论文，2006.

和旅游商业大戏，迅速成为西部乃至全国的文化亮点和旅游热点，丰富了市民文化生活，进一步拉动了现代演艺娱乐、旅游观光、创意休闲等文化产业形态的发展。

（2）景观和建筑风格的特色形成分析

在大唐不夜城的整个建筑群落中，面向大雁塔贯穿南北长达 1.5 千米的景观步行街是整个建筑群的中轴。从北向南依次分为大唐佛文化、大唐群英谱、贞观之治、大唐文化艺术、开元盛世等主题雕塑群。走在步行街上，就像在阅读一幅生动的西安历史长卷，向我们展现了大唐帝国在宗教、文学、艺术、科技等领域的至尊地位（见图2-13）。例如，大唐群英谱主题雕塑位于大雁塔南广场和贞观文化广场之间，由李白、杜甫等在大唐时期对宗教、科技、文化、艺术等有杰出

◇ 图2-13 大唐不夜城雕塑长卷

贡献的33位精英人物的雕像组成，通过活灵活现的手法将科学家的智慧与深远、艺术家的浪漫与情怀展现得淋漓尽致（见图2-14）。

大唐文化艺术主题雕塑位于贞观文化广场和开元广场之间，分为建筑、雕塑、绘画、壁画、书法、诗歌、音乐、舞蹈、工艺美术等九大方面，形成气势磅礴、

◇ 图2-14　大唐不夜城主题雕塑

绚丽灿烂的大唐文化艺术景象。开元盛世主题雕塑位于景观步行街南端的开元庆典广场，以唐玄宗雕像为中心，通过宏大的横向构图展现出盛唐时代君臣民同乐、歌舞升平、璀璨夺目的盛大庆典场景。五大主题雕塑衔接自然、浑然一体，集中再现了大唐盛世的繁荣景象与辉煌成就，营造出虚实相生的意境。

　　大唐不夜城中的建筑大多以仿唐建筑为主，在材料与结构上采用了现代技术。其中最具创造性和代表性的是由西安大剧院、西安音乐厅、曲江美术馆和曲江太平洋影城四组文化艺术性建筑组成的贞观文化广场（见图2-15）。在贞观文化广场的总体设计中，四个主体建筑以正对大雁塔的南北轴线为空间对称关系，

◇ 图2-15　贞观文化广场及西安美术馆

主体空间高度接近的电影院与美术展馆布置在用地的北部，两者的大屋顶均设计为重檐歇山；而音乐厅和大剧院布置在用地的南部，两者的大屋顶均设计为重檐庑殿。项秉仁主持设计的这四组建筑颇具创新性，建筑下部采用二层表皮，外表皮为简洁的铝质格栅，配上现代化的照明设计，使人在近人尺度内感觉到现代文化的气息；内表皮则仍采用传统样式与大屋顶相协调（见图2-16）。

◇ 图2-16 传统与现代共存的唐风建筑

第二章 历史文化资源利用与城市风貌特色营造

### 3. 唐风建筑的探索与创新

唐风建筑是西安唐风文化的一种外在体现，从有影响力的单体仿唐建筑到近年倾向于整体规划的传统街区，西安在传统建筑的当代应用实践中作出了有益的探索。由于西安有特定的历史城市格局，当代建筑师必须在传统和现代中找到切入点进行现代建筑的设计。从20世纪70年代末期开始，在以张锦秋为首的建筑师们的共同努力之下，西安出现了一批以"三唐"工程、陕西历史博物馆等为代表的既能反映西安的历史风貌、反映唐代建筑形式和特征，又能体现当代建筑的新技术、新材料的特定建筑，引起了社会各界的极大反响，我们把这类建筑统称为唐风建筑。

因此，唐风是以唐代传统文化和唐代建筑观为基础进行建筑创作而形成的一种建筑风格，是建筑师试图继承和发扬唐代传统建筑的精神、原则和手法的精华，并用于现代建筑创作的一种方法，也是对古城西安城市文化、地域特色的一种探索。近年来，慈恩寺玄奘纪念馆、西安钟鼓楼广场、陕西省图书馆、西安博物馆（见图2-17）、大雁塔南广场、大唐芙蓉园（见图2-18）等一系列

◇ 图2-17　西安博物馆

◇ 图2-18（1） 大唐芙蓉园入口

◇ 图2-18（2） 大唐芙蓉园内的唐风建筑

唐风工程相继完成。这些建筑概括、抽象、提炼了唐代宫殿的各种基本特征，提取出一些共同性的特征，比如中轴对称、主从有序等等。这些特征都是几千年来陕西唐文化积淀的要素，反映这些特征的唐风建筑是西安特有的地域建筑。因此，这些项目都是设计师们在分析提取了西安特定的文脉特色、自然特征之后，用现代建筑的创作手法设计完成的。这些建筑本身及其设计思想构成了唐风建筑创作思想和方法。

这些唐风建筑有一些共同的特点：①建筑选址具有特殊性，大多位于西安历史环境或十分重要的城市节点处；②建筑性质具有特殊性，大部分建筑是当代西安城市建设的重大项目；③建筑功能具有类似性，多数建筑是城市广场、城市公园内的景观建筑、纪念性建筑等，居住、办公和商业类建筑所占比例较小。[①]

这些建筑的建成不仅使西安城市格局和结构产生了重大的变化，而且对西安的建筑创作发展带来了较大的影响。唐风建筑所取得的成就给城市管理者和其他建筑创作者以某种启示，学习、借鉴其建筑创作思想和方法成为了一种弘扬文化传统、拓展城市特色的有效途径。西安市规划局在古城西安建筑风格控制方面积累了一定的经验，大体而言，西安市整体建筑风格的控制原则为"新旧分制"。在西安旧城内、重大遗址保护区及文物古迹保护区周边，应保持建筑的传统风貌、传统色彩基调，突出地域文化。同时，西安市民对于唐风建筑是较为认可的，唐风建筑在塑造城市文化和体现地域特色方面具有较大的影响力。

### 2.3.2　杭州宋代历史文化资源的利用

#### 1. 城市格局特色的形成

杭州历史悠久，自秦设县治以来，已有2200多年历史。杭州是华夏文明的发祥地之一，距今5000多年的良渚文化被史界称为文明的曙光。杭州曾是五代吴越国和南宋王朝两代建都地，是我国七大古都之一。杭州古称钱塘，隋开皇九年（589年）废钱唐郡，置杭州，杭州之名首次在历史上出现。五代时的吴越国（公元907－978年）在杭州建都。南宋建炎三年（1129年），高宗南渡至杭州，升

① 许洁. 西安"新唐风"建筑评析. 西安建筑科技大学硕士学位论文，2006.

杭州为临安府。绍兴八年（1138年），南宋正式定都临安，历时140余年。民国元年（1912年），废杭州府，合并钱塘、仁和两县为杭县，仍为省会所在地。民国16年（1927年），划杭县城区等地设杭州市，杭州置市始于此。

杭州自古以来，临西湖建城、傍西湖兴市，著名的京杭大运河南端始自杭州，贯穿城中。城西临西湖，群山环列；城南临钱塘江、蜿蜒入海；宝石山、吴山突兀城区，南北夹西湖遥相呼应，与城区、湖面构成优美的城市空间，形成独特的"江河湖山在城中"的城市环境。在漫长的历史发展中，杭州逐步形成并至今保留着"三面云山一面城"的特有环境风貌（见图2-19和2-20）。

杭州城市在2200多年的发展过程中，城市形态发展演变的轨迹可简单归纳为以下七个阶段。

◇ 图2-19 杭州西湖东侧城市风貌现状

第二章 历史文化资源利用与城市风貌特色营造

汉风建筑 de 诠释与重构

◇ 图 2-20 杭州 "三面云山一面城" 的传统城市格局图

（1）秦汉至南北朝的起始溯源时期（钱塘县）。

（2）隋唐五代的雏形时期（东南名城杭州）。

（3）南宋建都的定型时期。

（4）元明清的稳定时期。

（5）民国的现代化变更时期。

（6）新中国建立后的发展完善时期。

（7）改革开放以来的历史巨变时期。

其中，五代吴越的雏形、南宋的定局、民国的近现代开局和改革开放以来的大规模更新是杭州城市形态变迁发展的关键历史阶段。

五代吴越国王钱镠所建杭城城郭，呈南北长，东西窄，世称"腰鼓城"的形态，是杭州城市格局的基本架构。其中，自南而北设有中轴主线——南段为今天的中河；中段和北段沿民国时湮废的市河西侧临河并行的大道，南宋称御街，今称为中山路。城市的东西方向也有与中轴线垂直的横向街道，形成"丰"字形的路网格局（见图2-21）。这样的城市布局成为南宋临安城的基础。临安城的建设在此基础上拓展至西湖，使城市依水而居，由此形成影响至今的城市传统形态格局。南宋临安城在中国古代城市发展史上占有重要的地位，是中国封建社会中由封闭式的里坊布局转变为开放式的街巷布局的一座典型城市。

公元1138年，宋高宗定都杭州，选择凤凰山东麓的吴越皇宫故址建设皇宫，形成了中国历史上绝无仅有的"南宫北市"、"一城两宫"的皇城格局。南宋皇城因山就势、气势恢弘、巍峨壮丽，是中国最美丽的山水花园式皇城。经过南宋138年的"固江堤、疏西湖、治内河、凿新井"、"建宫城、造御街、设瓦子、引百戏"，形成了杭州"左江右湖、内河外河"的都城格局。

**2. 南宋皇城大遗址保护工程**

2009年，杭州市委、市政府提出实施南宋皇城大遗址综合保护工程。这是杭州市政府为保护南宋历史文化遗产、延续城市历史文脉、塑造城市风貌特色的重大项目。该保护工程以展示中国最美丽山水花园式皇城遗韵为特色，把南宋皇城打造成中国大遗址保护的典范和世界级旅游产品。

根据《南宋皇城大遗址综合保护工程五年行动计划（2010—2014年）》，南

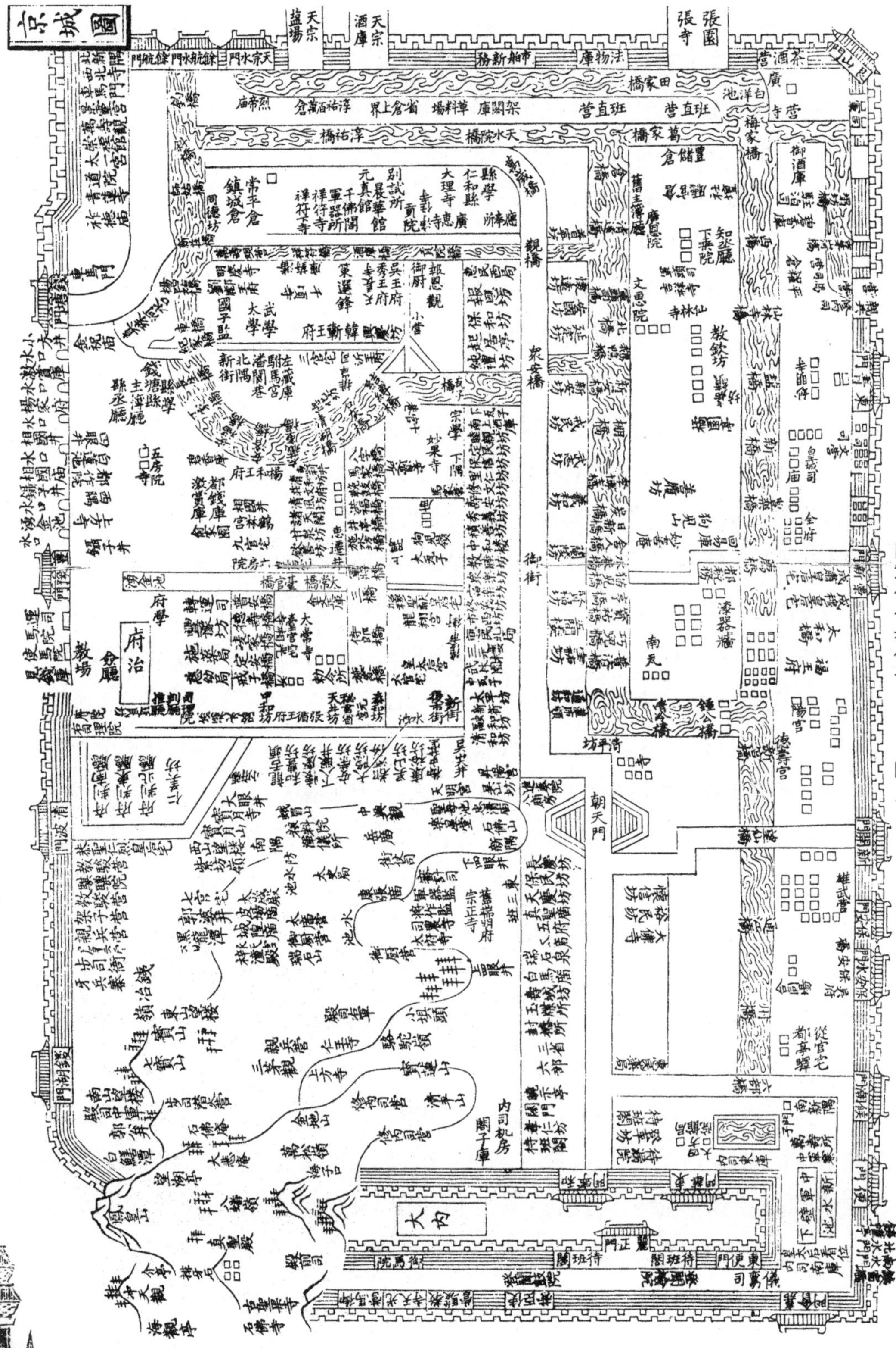

◇ 图 2-21 南宋临安京城图

京城图

汉风建筑de诠释与重构

府治

大内

宋皇城大遗址综合保护工程范围（即南宋皇城大遗址公园范围）不仅包括皇城遗址及外围保护地带，还包括皇城周边部分南宋临安城遗址，范围为南至钱塘江、北至庆春路、东至中河（及德寿宫遗址）、西至虎跑路—南山路—解放路—延安路一线，规划总用地面积 14.16 平方千米。

规划范围内的建筑规划设计，以建设有南宋形态特点的建筑为重要关注点，以形成南宋建筑风貌的区域特色为取向。为达到这一目的，如何在历史研究的基础上确定宋风建筑的分类与特点，以及在杭城区域范围内如何分布，是规划设计阶段要解决的核心问题。因此，浙江省古建设计院研究团队提出了对规划范围内的现有建筑和新建建筑风貌加以协调控制，通过宋风建筑营造鲜明的城市风貌特色和文化氛围的策略。

宋风建筑可以理解为具有宋代建筑特色、表达宋代建筑意向的现代建筑。浙江省古建设计院研究团队提出了《宋风建筑设计导则》，对杭州市南宋皇城遗址的分布和现有传统建筑的状况进行调查，确定区域内南宋建筑风貌营造的差异分布，具体分成南宋遗址核心区、南宋风貌核心区、南宋风貌过渡区和其他区块。

南宋遗址核心区：包括现已确定的南宋大内遗址、三省六部遗址、太庙遗址、德寿宫遗址、恭圣仁烈皇后宅遗址、八卦田遗址等。这一区块将严格控制建设，主要通过遗址保护和展示建筑以及景观小品体现南宋风貌特色。在这一区块的建设中，必要的辅助建筑和服务性建筑应采用纯宋式建筑或新宋风建筑。

南宋风貌核心区：以大内以北的南宋御街（今中山路）和大内以南的凤凰山路（一直到八卦田）为南北主轴，以西至清波门、东至德寿宫的河坊街沿线为东西向主轴，将各南宋遗址核心区串接起来。核心区是整个大遗址公园内南宋风貌营造的最核心区块。其以中山南路、十五奎巷、八卦田南为三个重点营造地段，其中中山南路以南宋官署、商业风貌为特色，十五奎巷以南宋民居为特色，八卦田南以南宋皇家礼仪文化风貌为特色。这一区块的新建建筑应采用新宋风建筑，沿街新宋风商业建筑宜为 2 层，不应超过 3 层。①

南宋风貌过渡区：是从南宋风貌区向近现代建筑集中区和西湖风景区过渡的

---

① http://www.cztv.com.

风貌协调区，西侧从南宋风貌核心区至凤凰山脊，东侧从中河往西100米，南侧至钱塘江，北侧从河坊街至解放路。这一区块的新建建筑可采用新宋风建筑和点缀宋风建筑。

其他区块：大遗址公园除以上三区以外的区块。从凤凰山、紫阳山、吴山山脊至西湖，应满足西湖文化景观的保护要求。

作为具体单体建筑的设计实践，在2010年4月，杭州市举行了南宋博物院概念性规划方案招标。如图2-22所示是以色列索拉（SOLAR）建筑规划与遗产保护事务所和浙江省古建筑设计研究院联合设计的南宋博物院方案。该方案在历史研究和现状分析的基础上，结合博物院建设的目标和原则，提出概念性设计的总体结构格局，以"一城、一轴、三核心"为主体，同时引进考古公园的概念，

◇ 图2-22 南宋皇城博物院概念性规划方案

把遗址的考古、保护、研究整个过程融入南宋博物院，构建一个全面展示南宋文化的博物馆网络，并将南宋博物院的规划放到整个南宋历史文化的再发现、再解读的层面上，对杭州南宋文化资源进行再梳理、再组织。

同时，把两大原住居民组团的改造作为南宋博物院的重要组成部分纳入规划，一方面调整原住居民的生活形态和方式，适当地疏散人口、拆除违章建筑，为遗址保护服务；另一方面延续原住居民的生活，发展当地的旅游服务产业，通过业态调整将博物院周边逐步发展成旅游休闲的又一个中心，让原住居民成为保护南宋皇城大遗址的受益者，实现南宋皇城大遗址保护与提高原住居民生活品质的"双赢"。

### 3. 中山中路历史街区的保护和更新案例分析

（1）历史沿革

杭州历史文化名城保护规划工程开始于1982年，经过20年的努力，终于在2003年4月通过了《杭州历史文化名城保护规划》。该保护规划圈定了10个历史文化街区。其中，中山中路历史街区是面积最大的一处。

中山中路历史街区位于吴山北麓，其在历史上一直是杭州城区的中心和商贾云集之地，其在杭城的位置见图2-23。

中山中路自隋开皇九年（公元589年）起，就是杭州重要的城市中心区和城市商业中心所在。沿街分布有3个商业中心，布市、米市、珠子市、酒肆、茶坊、瓦舍、勾栏、青楼等，人来人往，昼夜不绝。

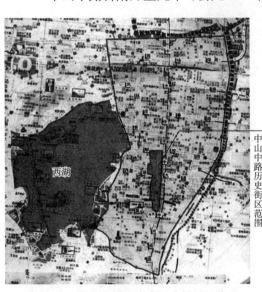

◇ 图2-23　中山中路历史街区在杭城的位置

南宋时，中山中路更是成为御街。御街是南宋皇帝祭天时的专用道路。因有十里之长，故名"十里天街"。因为其只供皇帝车驾通行，禁止官员、百姓通行，故又名"十里禁街"。

1276年，元军进入杭州，南宋投降，御街的功能就消失了。巨石铺设的路面也日益毁坏，御街两侧的隔

第二章　历史文化资源利用与城市风貌特色营造

离杈子也不见了，御街的威严也消失了。于是，两边的店铺或民居开始向御街扩张，街面渐渐变狭窄。元攻下南宋后，杭州从都城变成一个普通的城市，但御街周边商业仍很繁华。

元代的中山中路路面保存完好，东面也有一条排水沟。从元至明清，最后到民国，尽管用的都是青石板，材料却越来越不考究，也反映了南宋御街逐渐走向衰落的历程。

清代是中山中路地区商业发展的鼎盛时期。清末时，杭州的闹市是从鼓楼起至清河坊至三元坊的那一段，其中尤以中山中路和清河坊交叉口的四拐角为商业精华所在。药业、香烛业、饮食业在这里形成了商业金三角：老店名店旗幡招展；胡庆余堂、方回春堂、朱养心膏药店、万隆火腿庄、孔凤春香粉店、张允升百货店、翁隆盛茶号等生意兴隆，市声鼎沸。

◇ 图 2-24 中山中路考古发掘的 5 种路面遗存

1945 年，抗日战争胜利了，为了纪念辛亥革命的领导人孙中山先生，就改为中山路。因为中山路较长，后又分三段，即中山南路、中山中路与中山北路。

2004 年，杭州文物考古所首次发现部分南宋御街遗址。经过这些年不断考古发现，南宋御街的脉络日渐清晰，最完整的御街断面从下至上依次叠压着南宋早期、南宋晚期、元代、明清时期和民国时期 5 种路面（见图 2-24）。可以说该街是贯穿杭州文脉的一条街，现在的中山路就是当初御街的基本走向。

（2）更新前的状况

中山中路历史街区基本上保存了杭州传统的街巷空间格局，以主干道中山路为基础，形成鱼骨状街巷系统。图 2-25 是该街区建筑年代现状图，中山中路从北侧解放路到南侧大井巷路全长 1500 米，从图中可见有少量清代建筑，较多的民国建筑以及 1949 年—20 世纪 80 年代建筑和 20 世纪 80 年代以后的建筑。

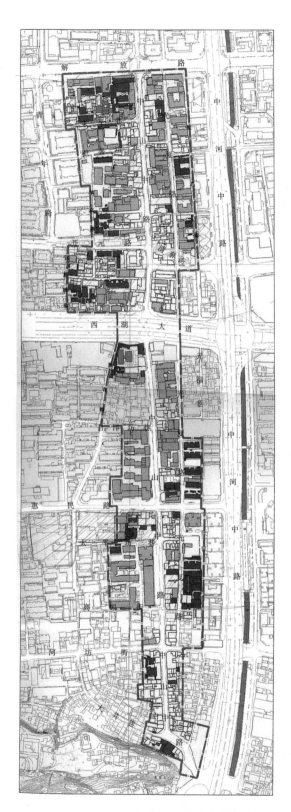

杭州市中山中路歷史街區保護與整治規劃

CONSERVATION PLANNING OF ZHONGSHAN ROAD HISTORIC DISTRICT IN HANGZHOU CITY

上海同济城市规划设计研究院
国家历史文化名城研究中心
一 现状研究

第二章 历史文化资源利用与城市风貌特色营造

**图例**

- 清代建筑
- 民国建筑
- 1949年—20世纪80年代的建筑
- 20世纪80年代后的建筑

| 建筑年代现状图 | NO.11 |

◇ 图 2-25 中山中路历史街区建筑年代现状图

中山中路是杭州老建筑最为集中的区域，也是由南宋发展延续至今的杭州市井生活保存最为完整的区域。而在近代，中山中路也是一条有丰富历史表情的街道，如图 2-26 是高银街至西湖大道段东立面，沿街中式和西式建筑并存，银行、报社、百货邻里相望；中西文化在这条老街上交融，是杭州近代历史建筑最集中、反映杭州历史变迁最为丰富的街道。

中山中路虽然经历了不可抗拒的时代兴衰，但留下了大量的历史遗产。据不完全统计，在中山中路街区总面积为 23.6 公顷的范围内，现有全国重点文物保护单位1处，省级文物保护单位 1 处，市级文保单位 14 处，如凤凰寺、于谦故居、钱塘第一井等；也有先后三批发布的历史建筑和控制保护历史建筑 91 处，如崔家巷 3 号、东平巷徐宅、九芝斋旧址、吴敬斋旧居、三元坊历史建筑等；中山中路街区内还遍布了百年老字号商家数十间，其中著名的有奎元馆面店、万源绸庄、胡庆余堂、叶种德堂、张小泉剪刀店等。由此可见中山中路历史街区丰厚的历史文化资源和价值。图 2-27 是更新前的中山中路街道氛围。图 2-28 是对从高银街经西湖大道至解放路底层店铺的业态调查。图 2-29 是对该街道沿街建筑连接方式的调查与统计分析结果。

（3）规划设计的三个阶段

新中国成立以来，随着杭州近代商业中心的北移和西迁，中山中路逐渐失去了城市商业中心的地位，面临着功能衰落和风貌破败等问题，迫切需要重新规划。

◇ 图2-26 中山中路历史街区东立面（高银街至西湖大道段）

◇ 图2-27 中山中路更新前的街道氛围

2002年，杭州加大了对历史文化遗产的保护力度，将中山中路正式列入历史街区保护计划。

第一阶段，于2004年委托同济大学国家历史文化名城研究中心编制了《杭州市中山中路历史街区保护与整治规划》，为中山中路历史街区的保护提供了翔

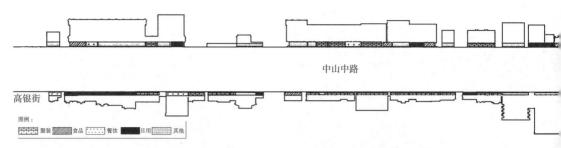

中山中路

高银街

图例：
服装 食品 餐饮 日用 其他

◇ 图 2-28　高银街至解放路底层店铺的业态调查

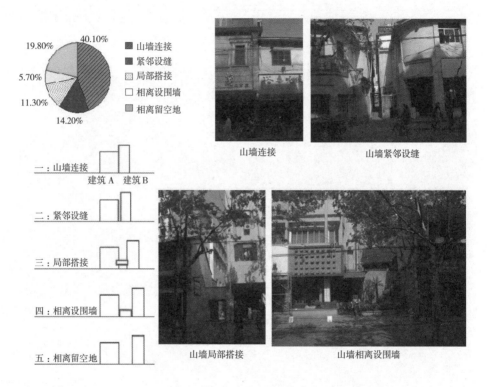

40.10%　■ 山墙连接
19.80%　　　　■ 紧邻设缝
5.70%　　　　　局部搭接
11.30%　　　　□ 相离设围墙
14.20%　　　　相离留空地

一：山墙连接
建筑 A　建筑 B

二：紧邻设缝

三：局部搭接

四：相离设围墙

五：相离留空地

山墙连接　　　　　山墙紧邻设缝

山墙局部搭接　　　山墙相离设围墙

◇ 图 2-29　中山中路两侧建筑连接方式调查和统计

实的现状调查和一定的理论论证。

　　第二阶段，为了科学有效地落实相关保护规划的具体要求，杭州市规划局委托同济大学项秉仁教授进行了以保护和更新为目标的中山中路历史街区城市设计。该城市设计的目标确定如下：

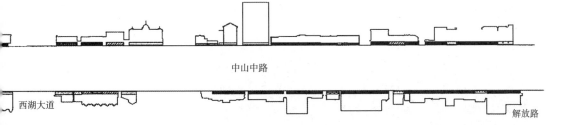

中山中路

西湖大道                                                                解放路

（1）整体性地保护中山中路历史街区；

（2）有效发挥城市中心区历史街区的价值，激发历史街区城市活力；

（3）形成有杭州文化内涵、宜居、宜商、宜游的特色城市空间环境。

该城市设计从历史格局、当前街道空间形态特征以及杭州市历史文化名城保护规划具体要求等几方面，结合实际情况，采取分段设计的方法，将中山中路分为3个空间段落和8大特色主题功能区，打造适合杭州历史发展的特色城市风貌。

由于中山中路段要改成步行街，因此首先就要解决道路交通问题，在保护历史街区的同时，尽可能把对城市交通的影响减小到最低程度。在步行街实施前，必须先解决中山中路原机动车行驶问题，保护街区原有的街巷尺度和变化丰富的道路断面。在景观上，严格控制街区的建筑高度和视线通廊，原则上建筑高度不得超过3层，保证中山中路历史地段形成一个较完整的传统特色商业街区。在布局上，沿街继续保持以商业功能为主，内部院落适当保留居住功能。[①]

第三阶段，2007年7月，中国美术学院接受中山中路综合保护策划任务和具体实施工作。美院工作组本着"历史资源保护与城市环境整治相结合，城市景观要素系统整理原则和历史风貌保护与激发城市活力相结合"的原则，突破了传统城市街道仿古改造"旧包新"的模式，把中山中路的改造面拉大，凸显立体的城市空间环境。

（3）更新后的状况

更新后的中山中路也称为南宋御街，目前已改造成步行街，成为杭州规模最大的历史步行街区（见图2-30）。2009年，这条有800年历史的南宋御街重

———

① 项秉仁，祁涛. 杭州市中山中路历史街区城市设计. 城市规划学刊，2009，2.

第二章 历史文化资源利用与城市风貌特色营造

◇ 图 2-30　更新整治后的中山中路步行街

汉风建筑
de
诠释与重构

新开街，向人们展示曾经的市井生活和岁月变迁。如图 2-31 所示，对于整体风貌保存较好的现状建筑，在更新整治中结合测量、老照片和背景资料对建筑进行"去伪存真"，即拆除一些违章搭建构件，在与现存使用状况不冲突的情况下，还建筑以本来面貌。如图 2-32 所示的建筑为 20 世纪 80 年代以后的多层建筑，在更新整治中突出建筑的两种尺度，即保留多层部分、改造低层部分，并提供休憩的公共空间。更新后的中山中路也是历史文化的展示场所。如图 2-33 所示的南宋御街陈列馆，入口处设置了透明钢化玻璃展示区和下沉式入口，能

◇ 图 2-31　更新整治中还建筑以本来面貌

第二章　历史文化资源利用与城市风貌特色营造

◇ 图 2-32（1） 保留多层部分，改造低层部分

◇ 图2-32（2） 保留多层部分，改造低层部分

◇ 图2-33 中山中路的南宋御街陈列馆

第二章 历史文化资源利用与城市风貌特色营造

让人参观御街道路断面遗迹，体验街道的历史氛围。实施工程把提高城市品质、彰显市井风味、提倡多种业态并存的思路纳入这条老街里。如图2-34所示，更新后的中山中路保持了原有街道的多样性和复杂性，既有一栋建筑中多层和低层部分两种风格的并存，也有不同建筑中的多种风格并存。

◇ 图2-34（1） 一栋建筑中多种风格的并存

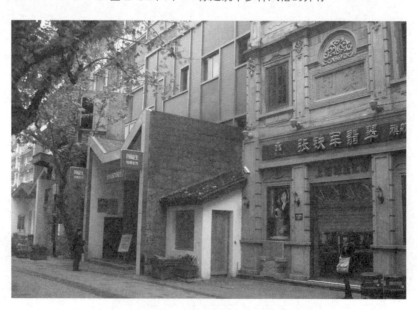

◇ 图2-34（2） 不同建筑中多种风格的并存

### 2.3.3 徐州汉文化特色的营建

**1. 徐州汉风建筑营建的特点**

徐州历史文化源远流长，其中最为突出的是汉代文脉。两汉时期，徐州作为诸侯封地楚国的国都，是汉文明发源地之一。目前，徐州地区汉文化的遗存主要表现在汉墓建筑、汉兵马俑、汉画像石等三个方面。徐州市域范围内遗留的汉文化遗存构成了徐州市鲜明的文化特色。徐州作为汉高祖刘邦的出生地和汉文化的集萃之地，近几年来一直致力于塑造传承汉文化的汉风建筑。

"汉风"意为汉代建筑风格，与学术界与大众中广为流传的"唐风"一词相对应，包含了复原汉代建筑到运用某种汉代建筑符号进行现代建筑及环境创作的各种旨在营造传统风貌特色的城市建设活动。当前徐州的城市建设大多是现代建筑，这些建筑在外观上虽不见得十分精致，但却有着磅礴的气势与包容性，这与汉文化的影响力有一定的关系。在徐州市域范围内新建的一些汉风建筑都划定在一定的区域范围内，利用规模效应，形成了较为浓郁的汉文化氛围。

受汉文化影响的徐州汉风建筑是在特殊情况下较多借鉴汉代建筑外部形象的一种严肃创造。其中，有许多汉风建筑是在名胜之地原有古建筑已毁，作为旅游建筑重建或新建的，如徐州圣旨博物馆、云龙湖东岸风景区与徐州户步山文化街等。当今徐州的汉风建筑作为一种特殊创作方式，提倡的并不是简单复古，而是一种传承和创新。例如，徐州汉画像石艺术馆以传统的神韵为重，局部采用传统样式（见图2-35）；徐州博物馆在现代建筑形态的基础上结合具体需要，采用部分模仿的方式（见图2-36）。从徐州的汉风建筑探索实践可知，传承并不意味着一味模仿原有传统建筑的形式，也不是各种传统风格的简单复制。每一个时代的人们都需要不断地创造，我们需要继承传统神韵又具有时代新意的汉风建筑，使其与原有的建筑文脉共同作用形成新的统一体。

虽然我们对徐州汉风建筑进行了调查和分析，但也较难归纳出其非常明显的特征，这与学术界对汉代建筑本身的探索还没有形成稳定的体系，汉风建筑的营建尚处于摸索和混沌状态有关。一般认为，汉风建筑是由直柱、直檐口、直坡屋面等以直线构成的端庄雄健的建筑风格。同时，在建筑局部形式的处理上，应该融入汉文化的内在精神，使建筑充满生机和活力。根据李敏的《汉代建筑形式对

◇ 图 2–35（1） 徐州汉画像石艺术馆全景

◇ 图 2–35（2） 徐州汉画像石艺术馆局部

汉风建筑 de 诠释与重构

◇ 图 2-36（1） 徐州博物馆全景

◇ 图 2-36（2） 徐州博物馆局部

第二章 历史文化资源利用与城市风貌特色营造

古风建筑设计的启示和借鉴》一文,徐州汉风建筑创作实践主要有以下几种手法。

（1）用现代结构形式表现古代建筑的特征,如徐州图书馆的屋顶、斗栱的处理。

（2）用现代的形态处理表现传统体形,如西汉楚王陵博物馆的古墓上的覆斗形屋顶、汉兵马俑风景区入口虚实变化的处理方式。

（3）建筑空间处理上传统原则与现代空间处理手法并用。在徐州博物馆的总体布局中,将传统的中轴对称、序列空间与现代庭院的有机空间、韵律序列空间、流通空间等相糅合,创造出一个丰富的、充满传统文化的现代空间。

（4）将经过提炼的传统建筑符号运用到现代建筑的形态设计中。

（5）用现代的材料表现传统的形式和汉代主题,从室内到室外,从细部到整体,传统形式与现代构图穿插运用,互相对比。

（6）从实际需要出发进行创作,努力找到古与今的契合点,从这个契合点入手进行艺术创作。如徐州龟山汉墓博物馆,外观以复古为主,但通过内部展品的数字化表现以及个性化的陈列手法来表现建筑超越传统的意境。

### 2.徐州汉文化园案例分析

徐州汉文化园是徐州区域内规模最大、汉代遗风最浓郁的汉文化保护基地,也是全国最大的以汉文化为特色的主题公园。图 2-37 是徐州汉文化园的鸟瞰图,

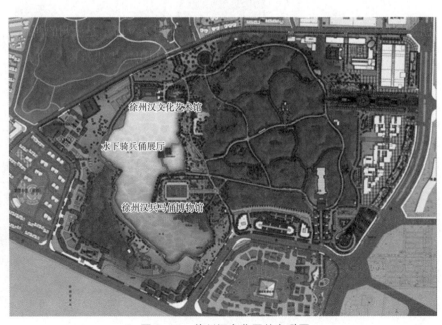

◇ 图 2-37 徐州汉文化园的鸟瞰图

内有徐州汉兵马俑博物院（见图2-38）、徐州汉兵马俑水下骑兵俑展厅、徐州汉文化艺术馆（见图2-39）等主要建筑。由清华大学建筑设计研究院祁斌主创的汉文化园主体建筑，创作上借鉴了汉代建筑文脉的象征意义，从汉画像石和史料中得到汉代建筑文化的神韵，无论在空间上还是功能上都体现了这种"神"与"气"，即用物质上的建筑来表达徐州汉文化精神。

◇ 图 2-38　徐州汉兵马俑博物馆

◇ 图 2-39　徐州汉文化艺术馆

第二章　历史文化资源利用与城市风貌特色营造

传承汉代建筑艺术中宏伟的气势、豪迈的品格，也是体现汉代思想的一种方式。如徐州汉兵马俑水下骑兵俑展厅采用低重心、有下沉动势的屋盖结构，其雄浑的体量给人一种震撼和力量，让人联想到汉代建筑的气质。该建筑虽然规模较小，体量不大，但依据展品的需要，采用汉代"四阿顶"屋顶符号进行剖面设计（见图 2-40），形成了如图 2-41 所示的展厅内景，以及如图 2-42 所示的简洁、有力的外观形象。

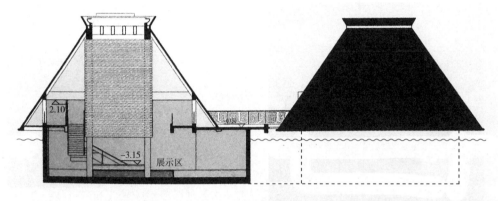

◇ 图 2-40　水下骑兵俑展厅剖面

综上所述，徐州汉文化园的汉风建筑设计没有沿用汉代仿古的设计思路，而是从建筑所处的汉文化景区历史背景与山水交融的自然环境出发，将历史文化要素作为一种建筑设计中的审美原则，采用写意的建筑表达手法，通过空间、体形、材质、色彩等方面的建筑语言，追求建筑的文化意境。根据祁斌的总结，徐州汉文化园在景观和建筑创作上，形成了以下三个方面的写意表达。

### 建筑写意之一——大屋顶的表达

大屋顶是中国传统建筑最具特征

◇ 图 2-41　水下骑兵俑展厅室内

◇ 图2-42 徐州汉兵马俑水下骑兵俑展厅外观

的元素，成为中国传统建筑的象征。水下兵马俑展厅的建筑设计受汉代明器夸张的形态表现手法启发，抽象明器、画像石中经常出现的"四阿顶"这一建筑屋顶形象，并加以夸张，形成两个架在水面上的倒斗形屋顶。这一建筑通过较小的建筑体量、简洁的建筑形态、内敛的建筑性格追求汉风建筑的艺术特征。

**建筑写意之二——院落空间**

以院落组合空间、通过院落传达建筑文化是中国传统建筑的精髓。汉文化艺术馆的建筑设计采用传统的院落围合空间，建筑围绕着一个开敞的亲水内院展开；长形内院里布置了水和竹两种外部空间景观要素，铺垫传统文化氛围。院落的主要部分设置静静的浅水池，池中静卧着汉画像石的文物复制品，中央设木制栈道，可供游人漫步细品画像石。水池倒映着周边的展厅，营造出静谧、含蓄的文化氛围，烘托着周围历史文化的沉淀（见图2-43）。

第二章 历史文化资源利用与城市风貌特色营造

◇ 图2-43 徐州汉文化艺术馆庭院

### 建筑写意之三——材质与色彩

　　水下兵马俑展厅的大屋顶延伸到贴近水面的下端，采用了黑色机制平瓦，选用了较大的瓦片尺寸，突出屋面的整体性，营造浑然一体的建筑感觉。汉文化艺术馆外墙面以当地产的毛石砌成倾斜的一层外墙，形成厚重的基座。一层退进的外墙面以及挑檐、檐口、屋面瓦，采用黑色石材，延续历史厚重感。建筑内部以木材作为基本装饰材料，门窗框、窗格也采用了木色装饰，亲切自然，回归质朴[1]（见图2-44）。

----

[1] 祁斌. 徐州水下兵马俑博物馆、汉文化艺术馆. 建筑学报，2006，7.

◇ 图 2-44　徐州汉文化艺术馆的材料和色彩

# 参考文献

包亚明.消费文化与城市空间的生产.学术月刊, 2006, 5.

陈凯, 毕明岩, 叶雷.城市特色风貌元素的挖掘——以山东省新泰市为例.福建
　　建筑, 2010, 9.

陈小明.中国城市规划中天人观的研究.东南大学硕士学位论文, 2005.

何小娥, 阮雷虹.试论地域文化与城市特色的创造, 中外建筑, 2004, 2.

姜娓娓.与两汉文化相关的当代建筑创作.华中建筑, 2004, 3.

李敏.汉代建筑形式对古风建筑设计的启示和借鉴.西安建筑科技大学学报:自
　　然科学版, 2000, 3.

李仁伟.中国当代建筑设计几种倾向.四川建筑, 2010, 3.

刘凤凌, 褚冬竹.重建"城市文化资本"——历史风貌街区"时尚化"趋势及发
　　展策略初探.中外建筑, 2010, 3.

刘慧, 杨新海.城市风貌设计初探.小城镇建设, 2010, 9.

刘玉龙.徐州博物馆建筑创作.建筑学报, 2000, 3.

第二章　历史文化资源利用与城市风貌特色营造

马武定 . 风貌特色：城市价值的一种显现 . 规划师，2009，12.

祁斌 . 徐州水下兵马俑博物馆、汉文化艺术馆 . 建筑学报，2006，7.

邱亦锦 . 地域建筑形态特征研究 . 大连理工大学硕士学位论文，2006.

孙优依 . 再现皇城——杭州要出"皇城牌" . 观察与思考，2010，8.

谭振峰 . 新时期大城市商业空间规划对策研究——以西安高新区为例 . 西安建筑
科技大学硕士论文，2005.

唐艳红，陈德胜 . 徐州汉文化旅游目标市场策略研究 . 产业与科技论坛，2008，10.

王翠萍 . 西汉长安城的布局特色 . 西北建筑工程学院学报：自然科学版，1999，1.

王洁，陈世钧，成祖德，郭孝峰，穆红 . 全球化背景下"新汉风"建筑风格的应
用初探 . 第三届中华传统建筑文化与古建筑工艺技术学术研讨会，2010.

王纬强，杨海 . 消费的空间与空间的消费 . 理想空间（文化·街区与城市更新）. 上海：
同济大学出版社，2006.

项秉仁，祁涛 . 跨地域建筑创作——当代建筑师的实践思考 . 城市建筑，2009，7.

项秉仁，祁涛 . 杭州市中山中路历史街区城市设计 . 城市规划学刊，2009，2.

谢晖 . 西安总体城市设计框架性研究 . 西安建筑科技大学硕士学位论文，2006.

许洁 . 西安"新唐风"建筑评析 . 西安建筑科技大学硕士学位论文，2006.

张锦秋 . 探索有特色的和谐建筑 . 百年建筑，2006，11.

张锦秋 . 文化历史名城西安建筑风貌 . 建筑学报，1994，1.

张琳琳，郭建伟 . 地域建筑大师张锦秋之新唐风 . 山西建筑，2010，3.

张钊 . 合肥地区传统建筑文脉在当代建筑创作中的借鉴与发展研究 . 合肥工业大
学硕士学位论文，2009.

浙江省古建设计研究院 . 宋风建筑设计导则（研究报告），2011，9.

周学鹰 . 徐州市域的"两汉建筑文化" . 同济大学学报：社会科学版，2002，2.

# 中 篇

## 基础：汉代建筑艺术的诠释

# 第三章　汉代建筑艺术概要

第一章和第二章从建筑创作和城市风貌建设两个视角，从理论和实践两个方面，分别概述了如何整合和利用历史文化资源，进行有特色的建筑创作和城市风貌建设。在阐述如何利用汉文化资源营造城市特色风貌之前，本章将在既往研究的基础上，概述汉代建筑艺术。

## 3.1　汉代建筑艺术的风格特征

### 3.1.1　汉文化概述

汉代分为"西汉"（公元前 202 年—公元 9 年）与"东汉"（公元 25—220 年）两个历史时期。西汉为汉高祖刘邦所建立，因定都长安，史称西汉。期间曾有一段历时 15 年的短暂的王莽篡政时期，其政权称"新"。公元 25 年，汉宗室刘秀重建汉朝政权，迁都洛阳，称东汉。汉代形成以汉民族为主体的多民族统一的国家，逐渐融合了不少新鲜因素，并在不断的同化过程中，形成了中华文明的第一个高峰。

汉代是我国历史上一个经济文化辉煌的时代，它继承了商周以来的传统，又在春秋战国的基础上有很大的提高。冶铁技术的广泛应用，加快了封建制度的巩固和发展，促进了各地的文化统一。"无论是东方的齐鲁文化、北方的燕赵文化、西方的秦文化、南方的楚文化，还是东南的吴越文化和中原正统的周文化，其文

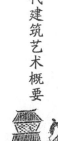

第三章　汉代建筑艺术概要

化痕迹越来越小，逐渐融成一个形态完整的汉文化。"汉代是我国封建社会经济、文化首次得到极大发展的时代，也是汉民族文化形成的重要时期。

汉代大一统政体确立后，法治建设有所完善，经济生活取得进步，汉文化思想体系也基本确立。汉武帝在董仲舒的建议下，决心"罢黜百家，独尊儒术"。这一变革使儒学在以后2000余年的历史中，成为中华民族传统文化无可替代的中心。此外，东汉初年洛阳白马寺的建立，标志着佛教在中国正式立足，成为儒学的重要补充。而从道家学说吸收营养，结合古代巫术与阴阳五行学说等形成的道教也正式在东汉成立，成为儒学的重要补充。儒、道、佛三教鼎立，儒生、道士、僧侣各行其道，又相互取长补短，是汉文化的基本构成，也是中华文化的主流。①

汉代的艺术和文化，上承春秋战国，下启魏晋南北朝，是中国古代极为重要的时期。它在纵向上成功汲取与提炼了先秦的艺术和文化，在横向上合理地吸收与融汇了各种艺术和文化，从而形成壮阔豪放的汉文化特色。汉代的文献遗存内容十分丰富，从史书政论、诗文辞赋、簿籍契约到信函档案，林林总总，数量极其浩繁。汉代科学文化发达。例如张衡创造的浑天仪与地动仪是测量天体与地震的重要仪器。蔡伦的造纸被后人列为世界古代四大发明之一。汉末神医华佗施麻醉术与外科手术，也是人类历史上首见。在文史方面，司马迁的《史记》、班固的《前汉书》、范晔的《后汉书》都是伟大的中国史学巨著。

### 3.1.2 汉代建筑艺术的历史地位

中国建筑艺术在新石器时代已经萌芽，商周逐渐生发，秦汉400余年是它茁壮成长并逐渐趋向成熟的时期。强大的国势、繁荣的经济、丰富多彩的科学与文化成就，使汉代的建筑活动有着良好的物质与精神依托基础。西汉国家统一，国力充实，都城、宫殿、陵墓和苑囿等服务于统治集团的建筑一时大为兴盛。其建筑规模宏大、内容丰富，成为中国建筑艺术史上的第一个高潮。刘敦桢先生在《中国古代建筑史》中说，"从整个中国古代建筑的发展来说，汉代建筑是继承和发展前代成就的一个重要环节"。汉代建筑艺术奠定了中国古代建筑的风格，对后

① 周天游. 论汉代文化的基本特征. 社会科学战线，2007，2.

世建筑的影响广博而深远。

中国早期建筑的变化是非常缓慢的，一种风格的前后延续时间也相当长。广义的汉代建筑艺术是古代中国自有文明以来经过近3000年漫长的发展而形成的传统建筑文化遗产。狭义的汉代建筑是指在汉代（公元前202年—公元220年）历史演化过程中出现、形成并发展成熟的一种建筑风格，主要指在文献资料、图像资料和实物遗存中保留下来的汉代建筑形象总和。所以，汉代建筑的形象特征应该是包括汉朝以前相当一段时期内的建筑形象特征。我们今天去探究汉代建筑时，看到的不光是一个朝代的建筑特征，而是古代中国自有文明以来近3000年建筑发展的一个缩影。

对照汉代的文献资料、考古复原以及建筑遗存，我们能够深深体会到，汉代建筑基本奠定了中国古代建筑的基础。汉代建筑艺术在丰富的实践活动中逐渐形成了中国建筑艺术一整套的表现手法和构图原则，如重点发展木结构、重视群体的有机构图、在建筑中体现人的尺度、人和自然的融合以及重视建筑的色彩和装饰表现等。汉代可谓中国建筑青年时期，建筑事业极为活跃，史籍中关于建筑的记载颇丰，建筑组合和结构处理上也日臻完善，并直接影响了中国2000年来传统建筑的发展。

### 3.1.3 影响汉代建筑艺术的主要思想

#### 1. 独尊地位的儒家思想

儒家思想是中国学术中创立最早、影响最大的一个学派，有力地影响了中国古代建筑艺术。儒家强调的"仁义"、"礼乐"和"伦理道德"的思想，以及提倡以义制利的价值观，为中国古代建筑艺术提供了完整的理论基础。儒学是汉代的国统之学，汉武帝时期独尊的儒家思想整合了各种思想，因此具有极大的包容性，为汉朝大气磅礴、厚重庄严的建筑风格奠定了思想基础。在儒家思想的影响下，汉代的建筑按照一定的等级规定，形成了尊卑有序的建筑布局、等级尺度和形态模式。因此，可以说儒家思想为汉代建筑艺术提供了设计的宗旨。①

---

① 孙珺. 浅析汉代建筑艺术的设计思想和风格. 沈阳大学建筑学报：社会科学版，2007，1.

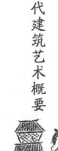

### 2. 阴阳五行的宇宙观

阴阳五行说是中国古代文化中一种颇具影响力的学说。在汉代人看来，整个宇宙可以从整体上把握为一，又可以从基质上把握为二（阴阳），还可以把握为四（四时、四象）、五（五行），扩展为八（八卦），为十（十端），衍展为六十四（六十四卦），为万物。因此，汉代人建构的整个宇宙是一个有秩序、逻辑、可伸缩、加减、互通和互动的整体。这个宇宙体系不仅是一个自然界的体系，而且也是把社会、政治、道德、法律、文艺融入其中的天人互动体系。

这种互动互感的宇宙图式，为汉代建筑定下了具体的模式，即一切设计应能与天地相通，把设计与对宇宙的认知结合起来，使地上建筑不仅在外在布局上模拟天象，而且在内在法则和根本规律上（阴阳五行）也做到了同构对应。

## 3.1.4 设计思想

### 1. 注重环境的建城思想

根据历史文献记载，汉代的城市建设非常注重地理环境。在选择国都时，充分考虑地理位置和水源条件，并因地制宜地规划城郭和道路。在新建各种规模的城市时，首先审查其生态环境、水质优劣、土地瘠饶，同时综合考虑城垣、街道、住宅、墓地、祭祀场所和医疗设施。

### 2. 体现阴阳五行的宇宙观

如果说汉代儒家思想为建筑设计提供了设计的宗旨，那么阴阳五行思想就为汉代建筑定下了具体的模式，即一切设计应能与天地相通，能够"天人感应"，达到"天人合一"。这种天地人合一、天人相感、天人相通的人文象征，使得建筑超越了物质空间的营造而升华为一种精神和气度的追求。[①]

### 3. 体现礼制规范

建筑作为礼治的一项内容，成为汉代统治阶级实现政治目的的一种工具。儒家把建筑设计中技术的"准绳"、"规矩"和思想上的"准绳"、"规矩"进行很好的融合，成为统一完善的规范，使实用性和思想性得到高度的统一。汉代

---

① 孙珺. 浅析汉代建筑艺术的设计思想和风格. 沈阳大学建筑学报：社会科学版，2007，1.

的建筑按照一定的等级规定，统一化、标准化地构成错落有致而又尊卑有序的等级尺度。

### 3.1.5 风格取向

#### 1. 重威思想与壮丽之美

汉代以儒家思想为治国的指导思想，通过建筑形式来显示占有天下、统治天下和威慑天下。这成为汉代建筑营造的一个重要的指导思想。所以说，汉代建筑中壮丽之美的追求，并不仅仅是源于审美需要，更是由于政治统治的需要。在儒家看来，壮丽的形貌能够产生重威的效果。反过来说，要达到重威的效果，就应该在建筑设计中追求壮丽之美。[①]

#### 2. 礼制思想与庄严风格

汉代建筑从宫殿到宅院，无论在内容、布局还是外形上无一不是依据礼制进行安排的，在构图和形式上也是以充分反映礼制精神为最高追求。汉代建筑按照一定的等级规定和标准建设，构成错落有致、尊卑有序的空间秩序。例如，汉代最具代表性的礼制建筑——明堂，是帝王宣布政令、祭祀天地祖先活动的"布政之宫"，格局异常严整，呈"井"字形，构成一个九宫格的层层空间秩序。汉代建筑形成了由直柱、直檐口、直坡屋面等以直线构成的端庄雄健的建筑风格，而且建筑群依级别设置，显得庄严肃穆、气势恢宏。

## 3.2 汉代城市的布局和构成

### 3.2.1 城市遗址考古研究

汉代作为自秦统一后第一个延续较长的中央集权专制国家，其治下的城市首次完成了从先秦时代分封制度下的封邑到统一政权下中央政府的地方统治据点的转变。与这种改变相对应，汉代出现了大批中小城市，基本奠定了中国古代社会

---

① 孙珺. 浅析汉代建筑艺术的设计思想和风格. 沈阳大学建筑学报：社会科学版，2007，1.

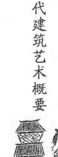

前期城市分布的大致格局。目前，城市遗址考古研究主要集中在具有影响力的都城和王城。下面以长安、洛阳和邺城为例，解读这三个城市的布局和构成。

### 1. 长安

（1）城之形制与规模

西汉都城长安（今西安）是在秦兴乐宫的基础上，经过90余年时间，随经济发展而逐步建成的。由于事先未曾全面规划，未曾做到规整对称，故总体布局较为零乱，属于从战国不规整都城向隋唐以后规整都城发展的早期。

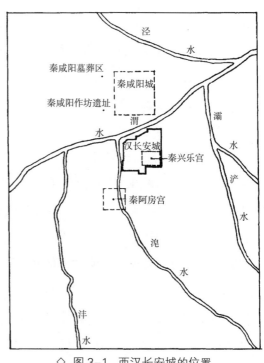

◇ 图 3-1 西汉长安城的位置

如图3-1所示，北城墙依渭水而建，墙体曲折多变，有"南像南斗，北像北斗"之说，故称"斗城"。汉长安城形制呈迂回曲折状，应该是适应当时实际情况的必然结果。

据记载，汉高祖营都，先建宫室，至惠帝时始筑城垣。考虑未央宫、长乐宫两宫状况，故南垣不得不作南斗状。长安城北临渭水，当时渭河河道在今河道以南，故横桥（中渭桥）距横门不过三里（汉里）。此桥为汉时联络渭北工商区的交通枢纽，故自雍门至横桥大道一带沿渭地段当属长安城外工商业繁盛地区。因之，北垣亦曲若北斗，以顺应谓河河道并兼顾当时这带的原有状况。[1]

考古实测汉长安城遗址，城垣周长达25700米。其中，南垣长约7600米，北垣长约7200米，东垣长约6000米，西垣长约4900米。按汉里折算，城周长约合62里，与《汉旧仪》记述之城周长63里基本相符。城垣外还有壕沟环绕。[1]

---

① 贺业钜. 中国古代城市规划史. 北京：中国建筑工业出版社，1996

102

文献记载，汉长安城四面各有三门，共计 12 座城门。

（2）城市总体规划

总体来看，汉长安城的工商业区域重心在渭北，而渭南则分布有上林苑之36 区苑。虽然上林苑也有一定的经济价值，但主要还是离宫别馆，仍是整个汉长安城宫廷区的一个组成部分，联系渭南城中诸宫，可见渭南当为政治区域重心所在。这种城市区域的宏观规划格局，也决定了长安城市本体的总体规划布局。根据贺业钜的研究，如图 3-2 所示，西汉长安城总体布局具有以下几个要点。

（A）采取"前朝后市"的规划格局。以宫廷区为主，结合官署、府库，乃至贵族显宦的"甲第"以及部分官府手工作坊，均布置在城之中、南部，形成城市的政治活动中心区，以便与渭南上林苑之离宫别馆互相结合，融为一体。以市

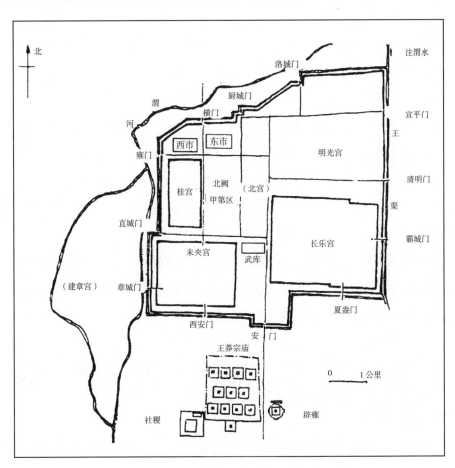

◇ 图 3-2　西汉长安城总体布局概貌图

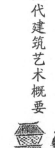

第三章　汉代建筑艺术概要

为主，结合民间手工作坊和居民间里等功能分区，集结在城北，组合为城市的经济活动中心区，以便与渭北诸区域次中心城相呼应。

（B）汉长安城总体布局的重点是积极发挥作为经济区域中心城的作用。因此，总体上采取"市北"格局，以便联系城外渭河沿岸工商业点，并渡渭与渭北诸陵邑及重点县这些区域次中心城连成一片，组织区域经济活动。

（C）长安城政治性分区偏重向西、南两面扩展，经济性分区则主要向北延伸。

（D）长安规划革新了旧的择中立宫传统，运用以"高"、"大"、"多"为贵的封建礼制等级观念，以表达帝都城市的尊严特性。

（E）尽管长安城形制不规整，可是分区规划用地的划分却仍有条不紊。整个分区规划系以安门大道为主轴线来安排的。政治活动与经济活动两个中心，区划分明，互不混淆。

（3）城市分区规划

根据贺业钜的研究，西汉长安城大致可分为以下五个区。

（A）宫廷区

长安城内的宫廷区是由未央、长乐、明光、桂宫和北宫这五座宫所组成的。五宫沿着规划主轴线——安门大道呈东西对列，形成庞大的宫廷区。

长安城地势南高北低，故将宫廷区置于城南，特别是主体宫——未央宫，更高踞龙首原，成为群宫之首。可见汉人很重视合理利用地形，体现"以高为贵"的礼制规划观念。

各宫规模都很大，实为一座包含朝寝及各种宫廷设施的建筑群所构成的宫城。它们都设有宫垣，形成各自为城的格局。长乐宫垣周长达 10000 米；未央宫周长 8800 米；较小的桂宫，宫垣周长亦有 5300 米。

（B）商业区（市）

汉长安城的庞大商业区是由九市聚合而成的。九市并不都在城中，其中如图3-2 中标示的横门内之东市及西市实为九市的主体。

（C）手工业区

长安因商品经济繁荣，故城市手工业亦很发达。这里的手工业可分两大类，一为官府手工业，一为民营手工业。在城内的有东、西织室及长安厨的作坊，前

者在未央宫中，后者在厨城门内。

从《史记·货殖列传》的记述看，汉代手工业门类很多，除盐、铁由政府专营外，其余各门类均可在民间经营，产品都投入市场流通，可见西汉民间手工业非常发达。城内民营手工作坊多聚焦在城北商业区附近，以利供销。

（D）居住区

长安城内居住分区仍继承了传统的分阶级、按职业组织聚居的规划体制。

居住分区可分为两类。第一类为权贵府邸区，多布置在城中部及北部近宫廷区地段。长安城中还有"戚里"，为帝室姻戚聚居处。京师达官贵族多，城中容纳的不过一部分，还有不少分居于诸陵邑。第二类为一般居民闾里，则集中在城之东北一隅，即宣平门大道以北，近东、西两市地段。居民闾里布置于此，可能与利用北垣外渭河南岸秦咸阳残存的闾里有关，以利于内外结合，形成一个庞大的居住区。

（E）礼制建筑区

礼制是维系封建统治的重要支柱之一，作为实施礼制象征的礼制建筑区，自然是城市规划中一个重要的功能分区。它的重要性决定了要将其布置在城南较尊贵的方位。礼制建筑主要有圜丘、辟雍、社稷、明堂和灵台等。

（4）道路网规划

汉长安城道路网布局虽仍继承传统的"经纬涂"制，但由于城市形制曲折，具体布局则根据总体规划要求，结合城的形制，作出适应环境的安排。

全城计有经纬道 12 条，而通西安门、章城门、覆盎门及霸城门的四条道都短，且都对着宫垣，除章城门大道颇重要外，其余在交通功能上并不居重要地位。

长安城干道网系统以安门大道为主轴线，组合八街而构成的。从结构上看，洛城门大道可视为安门大道的延伸线。因商业区、手工业区及未央宫均在城西，故主轴线以西的干道分布密度大。[1]

根据贺业钜的研究，长安城内干道均为"一道三涂"之制。"三涂"，即左、中、右三涂。中涂为皇帝专用之"驰道"，左、右二涂以供行人。据考古发掘，各条

---

[1] 贺业钜. 中国古代城市规划史. 北京：中国建筑工业出版社，1996.

干道均宽 45 米左右，每条干道分为三条平行道，用宽约 0.9 米的水沟分隔。中间的"驰道"宽约 20 米，两侧道宽约 12 米。

城内的次干道和巷道也是按"经纬涂"制设计的。这些道与干道结合，组成一个以八条干道为主干的长安城市道路网。

**2. 东汉洛阳的城市结构**

西汉时洛阳已作为陪都，城市一直繁荣不衰，司马迁称之为"天下之冲扼，汉国之大都"。建武元年（公元 25 年）6 月，刘秀在鄗县（今河北柏乡县北）登上皇帝宝座，建立了东汉王朝。东汉的都城洛阳是在西汉洛阳城基础上于光武帝建武十四年（公元 38 年）前后进一步扩建而成的。其遗址在今洛阳市东十余里。考古勘察表明，东汉洛阳城是一个南北纵长的规整矩形，东西约 2.6 公里、南北约 4 公里，比长安城小很多。东汉以后，洛阳又曾是曹魏文帝、西晋和北魏的都城，历代改造甚多，故东汉洛阳的原貌已经很难探寻。

据文献记载，西汉时在洛阳城内南部修建了南宫，它的南面正门正对都城的正门。东汉明帝时建北宫，北宫的一座宫门在都城的东北角，可知南北两宫各据城之一垣（见图 3-3）。据记载两宫相距 7 里（实际应不到此数），其间街道成方格形，布置方整的闾里，有复道连接北宫和南宫。由此可见，东汉洛阳城两宫形成的轴线通贯全城，比长安更规整、更富有表现力。但两宫分设南北又给全城交通造成南北方向的重大阻隔，两宫的联系也不方便。以后，曹魏邺城吸取了这个教训，只设北部宫殿，最终完成了规整都城的新格局。可以说，洛阳城是向规整型都城过渡的一环。东汉首都洛阳的城市结构如下。

（1）城墙

城墙的建筑方法与西汉长安一样，系用黄土夯筑。东、西、北三面城墙遗迹尚存，基部宽约 14～25 米。南面城墙则因洛河改道而被毁。实测表明，东墙长约 4200 米，西墙长约 3700 米，北墙全长约 2700 米，被毁的南城墙复原后的长度约为 2460 米。总长约合汉代 31 里。城垣的平面形状呈不甚规则的长方形，南北长度为 9 里，东西宽约为 6 里，与文献记载中古人描述的"九六城"基本相符。[①]

---

① 周长山. 汉代城市研究. 北京：人民出版社，2001.

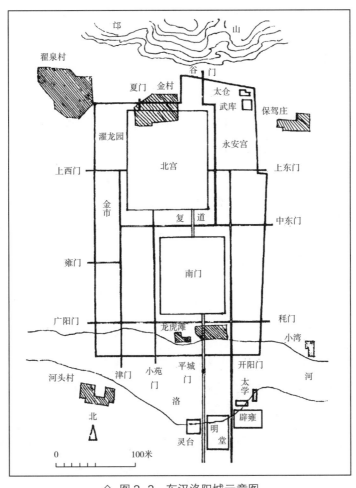

◇ 图 3-3  东汉洛阳城示意图

城门共有 12 座。与长安城四面各三门不同，东汉洛阳城是东、西面各三座城门，南面四座城门，北面两座城门。东面的三座城门，自北而南分别为上东门、中东门、耗门；西面的三座城门，自南而北分别为广阳门、雍门、上西门；南面的四座城门，自东而西分别为开阳门、平城门、小苑门、津门；北面的两座城门，自西而东分别为夏门、谷门。其中南面偏东的平城门为正门。[①]

（2）街衢

洛阳城内有东西、南北向大街各五条，分别通向各座城门。长者约 2800 米，

---

[①] 周长山. 汉代城市研究. 北京：人民出版社，2010.

短者约 500 米。宽度自 10 余米至 40 米不等。各条大街相互交叉，形成许多十字或丁字路口。

（3）宫殿

城内的宫殿主要由南宫和北宫构成。从文献记载来看，秦及西汉时洛阳已有南、北宫。南宫在西汉时已颇具规模，并不断得以扩建。建元十四年（公元 28 年），光武帝在南宫建成了前殿，构成南宫的中心建筑。

北宫亦早已存在。汉明帝时，重建北宫，北宫的中心建筑是德阳殿。

洛阳城内的主要宫殿南北配置，南宫的南门朱雀门与南面的平城门相通，主要供皇帝出南门外郊祀之用。这样，整座洛阳城的建筑方位就体现为坐北朝南，与西汉的长安城有所不同。

**3. 邺城的城市结构**

（1）格局

东汉建安二十一年（公元 216 年），曹操被封为魏王，建造了王都邺城（今河北临漳、河南安阳交界处）。因为现在几经改道的漳水正从邺城遗址南部横过，遗迹大多被冲毁，现存遗迹只有城西北角的一些台址。但根据文献记载和遗址现状，可推知当时的总体布局如下。[1]

邺城平面为完全规则的横长方形，东西约 3000 米，南北约 2160 米。东西城墙中部各开一门，一条横街连通两门，是城市横轴，将全城划为南北两部。南面城墙开三门，门内是三条南北向大街，与横街丁字相接。从南城墙正中的中阳门向北的大街，正对着北部正中朝会正宫的大门端门，是全城的纵轴（见图 3-4）。

根据萧默的研究，正宫之东通过长春门与东宫相连，东宫以东直到大城东墙是贵族居住的里坊，称为"戚里"。正宫之西隔延秋门直至大城西墙是著名的铜雀园，园西北角就城墙扩筑为南北串联的金虎、铜雀、冰井三台。台以夯土筑成，现存最南的金虎台遗址，东西还有 70 余米，南北 120 余米，残高 9.5 米，三台间距约 85 米，原有阁道相通。三台上各建房屋 100 余间，由院落组合而成。园内也有兵马库和马厩，三台内可存储大量物资，所以铜雀园既是宫苑，又兼兵马

---

① 萧默. 中国建筑艺术史. 北京：文物出版社，1999.

① 萧默. 中国建筑艺术史. 北京：文物出版社，1999.

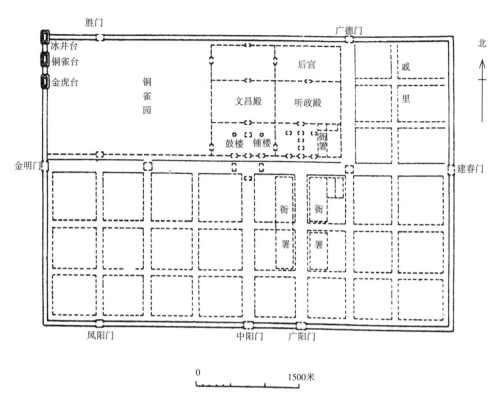

图中文字：

胜门　广德门　北

冰井台　后宫　戚

铜雀台　文昌殿　听政殿　里

金虎台　铜雀园

鼓楼　锺楼　御署

金明门　建春门

衙署　衙署

凤阳门　中阳门　广阳门

0　　　　　　1500米

◇ 图 3-4　东汉的王都邺城想象复原图

库藏之用,有军事城堡的性质。

　　由此可见,邺城北部全为宫廷区、贵族居住区和兼有城堡性质的范围所占据,独立性很强。宫殿区与市民区严格分开,既利于宫殿的保卫,也利于宫殿区的艺术表现。

　　(2)特色

　　邺城是事先经过周密规划的城市,虽然只是魏王的王城,不是全国性的都城,但邺城继往开来,具有划时代的重要地位。邺城纠正了东汉洛阳分置南北两宫的不便,而将宫殿集中在北部。在城市规划上最值得注意的是邺城城市轴线的处理。纵轴线由中阳门至端门长达 1000 余米,若由端门再北,穿过正宫的几重宫院,直至宫北齐云楼,就有 2000 多米了。它与东西大街即城市横轴垂直相交,控制了全城,规制整肃,井然有序。[①]

① 萧默. 中国建筑艺术史. 北京:文物出版社,1999.

第三章　汉代建筑艺术概要

所以，邺城虽然是座较小的城市，但规划者把宫殿集中布置在城市北部，在南部以1000余米长的中轴引起人们心理上对于高潮的期望，十分成功地展现了王城的气势。自周王城以后到邺城以前，各国各朝的大多数都城，尽管宫城本身多有中轴线，但就全城来说却都没有中轴线，有的宫城紧邻都城城墙，或者分居城市各端，轴线常被打破。邺城独具一格的纵轴线的成功做法在南北朝得到继承和发展，至隋唐更有充分的提高。

### 3.2.2 汉长安的宫殿遗址

西汉长安最著名的宫殿是长乐宫和未央宫，仅这两宫就占了全城总面积的1/3。长乐宫为汉王朝建造的第一座正式宫殿，由秦兴乐宫修复而成，西汉初年刘邦在此居住，以后太后居于此。未央宫是正式的大朝之宫。

#### 1. 长乐宫

长乐宫在城的东南部，平面呈横长方形，据勘察，从埋存在地下的断断续续的墙基来看，宫城周长约10000米、城墙厚达20余米，厚于都城的城墙。这是因为兴建长乐宫和未央宫时，长安城还没有围墙，为了防卫，两宫的围墙很宽。据文献，长乐宫可能四向开门，东门与规制宏大的都城霸城门相对。西门与未央宫的东门相对，建有门阙。宫内前殿尺度最大，其后有其他数殿。前殿之西有长信宫，内有长信、长秋等四座大殿，是太后居住的地方。《三辅黄图》记述，"后宫在西，秋之象也，秋主信，故宫殿皆以长信长秋为名"，反映了五行方位之说在汉代的盛行。

#### 2. 未央宫

在刘邦迁到长安的当年，萧何为他在长乐宫以西建了规模宏伟的未央宫。未央宫在长安城的西南部，遗址范围为东西宽2250米，南北深2150米，平面近于方形，周长8800米，面积近5平方千米，相当于长安全城面积的1/7。未央宫四面各开一主门，称司马门。四面另有若干次要门。南面偏东的端门为正门，其正对都城的西安门。端门北稍偏西为未央前殿。据《西京杂记》，未央宫有"台殿四十三，其中三十二在外，其十一在后宫。池十三、山六，池一、山二亦在后宫"。总体而言，未央宫中部以东，以前朝后寝作对称均衡布局，西部园林较为自由（见图3-5）。

未央宫主要建筑有前殿、宣室殿、清凉殿、麒麟殿、金华殿、承明殿等40多座宫殿楼阁。从西汉开始到西晋、前赵、前秦、后秦、西魏、北周等七个朝代的皇帝都在此处理朝政，成为中国历史上最著名的宫殿。未央宫以前殿为中心，以包括宫中园林的后宫为烘托，总体构成"前朝后寝"，再加上左右众小宫，如众星拱月，衬托出主要宫院的气势，把前殿推上高潮的顶峰。

前殿仍存夯土基址，殿基东西宽约200米，南北深约350米，由南而北逐渐升高，形成三个大台面，北部最高处高出周围地面约15米。据勘测研究，前殿是因借丘陵地增高筑成的，其下层有战国和秦的建筑遗迹，可知它的定位受自然地形和原有建筑的限制。所以西汉建未央宫时，只能尽可能使其位于全宫中心，而不可能使其位于绝对的几何中心。

据《史记·高祖本记》记载，前殿初成之时，高祖正在各处征战，见其壮丽，责问主持其事的萧何说，天下还在打仗，胜负未定，"是何治宫室过度也？"萧对答说"天下方未定，故可因以就宫室。且夫天子以四海为家，非令壮丽无以重威，且无令后世有以加也"，明确提出以建筑艺术为皇权政治服务，意在建成一

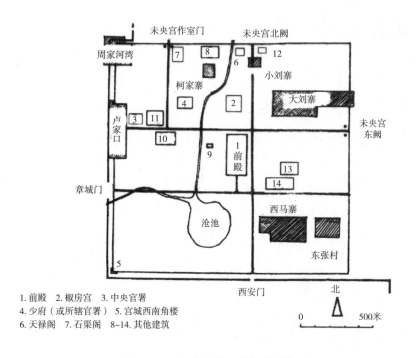

1. 前殿　2. 椒房宫　3. 中央官署
4. 少府（或所辖官署）　5. 宫城西南角楼
6. 天禄阁　7. 石渠阁　8~14. 其他建筑

◇ 图3-5　西汉未央宫已发掘遗址位置图

座空前绝后的大朝堂。

### 3.2.3 汉长安的明堂辟雍遗址

#### 1. 明堂辟雍的概念

据《汉书·郊祀志》，知道汉代已有等级化的祭祀规定，上至天子下至平民都有不同等级的祭祀规格，其目的是为了强化人的等级。已发现的汉长安礼制建筑遗址中，较著名的有长安明堂辟雍和长安王莽九庙。

明堂辟雍是最具代表性的礼制建筑物。所谓"明堂"，据先秦文献，有说是帝王宣布政令、祭祀天地祖先活动的"布政之宫"，也有说是用来明诸侯之尊卑。"辟雍"一名，首见于《礼记》，其制"象璧，环之以水，象教化流行"，是一座周围环以圆形水沟的建筑，性质似乎是儒者的纪念堂，也是帝王讲演礼教的地方。[①]

汉代的明堂、辟雍有合二为一的趋势，有许多繁琐的象征规定，是一种综合性祭礼建筑。明堂辟雍是汉代统治者以恢复周礼为名，将神化了的儒家学说结合阴阳五行设计建造的高度理想化的礼制建筑样式，是封建皇帝至高权力的象征。

#### 2. 辟雍遗址的考古研究

1956 年，考古发掘了建于西汉元始四年的辟雍，其位于长安南门外大道东侧，符合了周礼中关于明堂位于"国之阳"的规定。如图 3-6 所示，它由外环行水道、围垣、大门、曲尺形附属建筑及中央之主体建筑组成。外环行水道呈圆形，直径 360 米，水道宽 2 米，深 1.8 米。方形围垣边长 235 米，围垣不高，现余残高 0.15 ～ 0.3 米，以求视野开阔。围垣 4 面各辟阙门 1 座，四隅各有曲尺形配房 1 座，每边长约 47 米，进深 5 米。根据考古研究，中心建筑建在一个直径 62 米，高于地面 0.3 米的圆形夯土基上，推测为十字形轴线对称的 3 层台榭式建筑（见图 3-7）。上层有 5 室，呈井字形构图；中层每面 3 室，是为明堂（南）、玄堂（北）、青阳（东）、总章（西）四"堂"。底层是附属用房。中心建筑（即明堂）的尺度，如不计算四面敞廊，每面约合 28 步（每步 6 汉尺，每汉尺 0.23 米），恰与《考工记》所记"夏后氏世室"即春秋战国时的理想方案相同。[②]

① 萧默. 中国建筑艺术史. 北京：文物出版社，1999.
② http://www.360doc.com/content/.

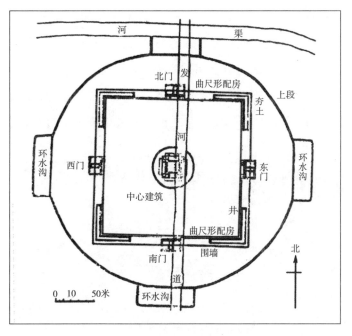

河　渠

北门 发
曲尺形配房
夯土
上段

环水沟

西门

河

东门

环水沟

中心建筑

井

曲尺形配房

南门　围墙

北

0　10　　50米

道

环水沟

◇ 图 3-6　西汉长安南郊辟雍遗址实测平面图

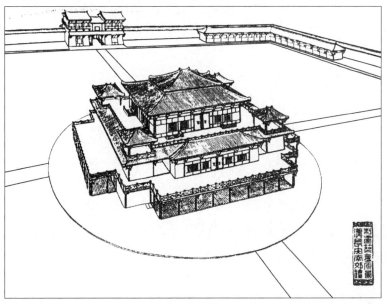

◇ 图 3-7　西汉长安南郊辟雍遗址中心建筑复原鸟瞰图

第
三
章

汉
代
建
筑
艺
术
概
要

图 3-8 是该辟雍的考古复原图，整群建筑十字对称，院庭广阔，气度恢宏。中心建筑以台顶中央大室为统率全局的构图中心，四角小室是其陪衬，壮丽、庄重。中心建筑外向，与四围建筑遥相呼应；四角曲室内向，取得与中心建筑的均衡。这座建筑既要满足礼制规定的多种使用要求，又要照顾到各种繁琐的象征意义，更要以其不同一般的体形体量组合，创造符合传统建筑的审美效果。

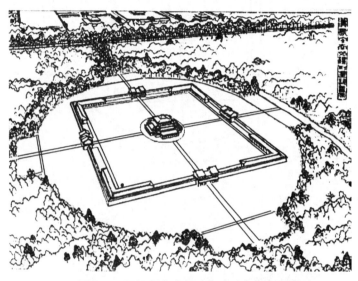

◇ 图 3-8　西汉长安南郊辟雍遗址考古复原图

## 3.3　汉代建筑的营造技术

在汉代，各种主要建筑类型都已出现。除了都城、宫殿、陵墓、苑囿和各种礼制建筑外，当然还有必不可少的居住建筑；在东汉末期还出现了佛教寺庙和塔，佛教建筑从此发展为仅次于宫殿的重要的建筑类型。从建筑营造技术来看，汉代经历了从高台建筑到楼阁建筑的演变，并且中国的木构技术在此期间基本发展成熟了。

### 3.3.1　高台建筑

高台建筑是夯土和木结构配合使用的形式。先以夯土筑成平台，再分数层呈阶梯状向上逐层收小，以此为核心，在阶梯各面分层建造可能为一面坡屋顶的围屋，台顶再耸起中心建筑，外观十分雄伟，有如多层楼阁，而木结构本身并不复杂。春秋战国文献常提到高台建筑，如燕的黄金台、齐的路寝台和楚的章华台。《老子》说"九层之台，起于累土"，可见当时高台可达九层之多。高台建筑的大量兴建体现了人们对建筑巨大体量的追求。人们从大自然的壮美中体验到了超大体量所蕴含的崇高，并把这种体验移情到建筑中，巨大的体量就转化成了庄重和尊严。

高台建筑经过战国时期的进一步发展，西汉时期开始流行。但自东汉起，高台建筑开始减少。高台建筑在战国和西汉的盛行，具有多方面的原因。首先是人们对高大体量建筑崇高威壮之感的有意识的追求。其次也反映了当时木结构技术还不足以满足这种要求，仍需求助于使用已久的夯土技术，依托巨大的夯土高台，构成总体伟大的建筑形象。但夯筑高台需要耗费巨大的劳动，在奴隶社会或封建社会早期，统治者可以方便地大量无偿占有人民的劳力，这也为高台的盛行提供了前提。艺术与技术的矛盾，一定会推动技术的发展。随着技术的进步和社会状况的变化，从东汉开始，高台建筑渐趋沉寂，为更先进的楼阁建筑所代替。

### 3.3.2  楼阁建筑

东汉开始流行与高台建筑迥然有别的楼阁，这是汉代建筑技术趋向成熟的重大标志。木构建筑叠而为重层者，称为楼阁。如图 3-9 是出土的汉代彩绘四层陶仓楼，仓楼前为长方形院落，有双阙门；仓楼共设 4 层，每层开窗数量不等，第四层只开一方窗。由此可见，高耸的建筑已脱离依附于夯土高台的状态，完全依靠木结构自身的牢固结合而稳固地建造起来。有研究表明，楼阁的兴起与南方干阑建筑关系密切。干阑其实就是一种简单的两层楼屋。干阑的进一步发展则将桩柱与屋柱合二为一，

◇ 图 3-9  汉代彩绘四层仓楼明器

第三章  汉代建筑艺术概要

构成整体稳定的结构。汉代国家统一促进了中原文化与南方文化的交流，南方早已有的干阑技术在中原的巨大建筑需求中获得了充分的发展机会。

自西汉末期起，楼阁建筑得到重大发展。东汉楼阁有鼓楼与民居楼阁等。鼓楼一层内部设阶，二层设鼓，两层多以内部台阶贯通。而民居楼阁则多设凭栏，入口处设阙。并出现了成组楼阁，两座楼阁相对而设，中间连以回廊或阁道，结构复杂。如图 3-10 所示为 1993 年焦作市白庄 6 号墓出土的汉代七层连阁仓楼明器。其主楼为七层四重檐楼阁式建筑，与附楼有阁道相连。

汉代陶楼明器一般平面为方形，建筑 3 ～ 5 层不等，在建筑形象上，有出挑的斗栱、窗扉棂格、平座的勾阑纹样，给予我们很多具体形象（见图 3-11）。

◇ 图 3-10　河南焦作市白庄 6 号东汉墓陶楼（七层连阁仓楼）

◇ 图 3-11　甘肃武威出土的汉代陶楼明器

东汉的楼阁建筑一般楼阁中空，以木构架支撑高度，以楼梯联系上下。楼阁结构的目的是使上层的柱子得到稳固的支撑，务使整体构架有较强的刚度与较好的结构整体性。要做到这一点，则应加强柱间的横向联系，如在柱脚设地栿、在柱头设阑额等。有的汉代楼阁还在下层柱间设斜撑。柱子、地栿、额枋与斜撑形成了完整的构架。①

图 3-12 所示的陶楼明器，每层用斗栱承托腰檐，其上置平座，将楼划分为

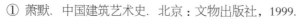

① 萧默. 中国建筑艺术史. 北京：文物出版社，1999.

◇ 图3-12　北京市顺义县临河村东汉墓出土陶楼

数层。在腰檐上加栏杆的方法能满足遮阳、避雨和凭栏眺望的要求。各层栏檐和平坐有节奏地挑出和收进，使外观稳定又有变化，并产生虚实明暗的对比，创造了中国楼阁的风格。

### 3.3.3　木结构部件的发展

木构架的结构技术在东汉已趋于完善，从考古资料和文献中可知，中国传统木结构的主要结构方式抬梁和穿斗都已发展成熟。抬梁式建筑的特点是以柱承纵向的梁，再于梁上承托上一层梁，最后在梁端承檩，亦称"叠梁式"。穿斗式则是由柱直接承檩，而以穿插枋将各柱相联络。

#### 1. 屋顶

屋顶是中国传统建筑造型的重要元素。汉代的屋顶沿袭先秦，规模较小的建筑一般用悬山屋顶；规模较大的建筑用四阿顶或歇山顶。前者两面排水，并在山墙方向悬出，后者四面排水。汉代还出现了近似于方形攒尖顶的屋顶，但真正的攒尖顶梁架木件到最后都要集中到一点，汉代还难以做到，所以汉代的"攒尖"大多有一段短短的正脊，也可以说是庑殿顶的特例。东汉还有极少的歇山顶，屋顶上半部是悬山，下半部是庑殿，两段之间保留一次跌落，是歇山顶的初期形式。这种形式可见于成都牧马山东汉明器和现藏美国的传世东汉明器。在北朝敦煌壁

第三章　汉代建筑艺术概要

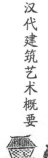

画中也能看到这种形式，如图 3-13 所示的是敦煌莫高窟第 296 窟所绘的两段式歇山顶，可以看到上半部和下半部之间用线条表示的跌落。

◇ 图 3-13　敦煌莫高窟第 296 窟的两段式歇山顶

屋面的做法也大多延续先秦的传统，为平整斜面，坡度平缓，屋角平直，无起翘。有些建筑在屋脊尽端用瓦件砌成微微上翘的样子，减弱了僵直的感觉，这可能正是之后中国建筑最富特色的屋角起翘做法意匠的初始（见图 3-14）。中国传统建筑的屋脊用在各坡屋面的相接处，实际功用是防止雨水下漏，但又具有很强的造型意义。总的来说，汉代屋顶的装饰作风比较重拙，硬朗有力，除了瓦当以外没有更多装饰，但有些较重要建筑在正脊中央立凤鸟为饰。[①]

### 2. 斗栱

在中国古代木构建筑中，斗栱是最复杂的构件。斗栱是在柱头上用斗形的木块"斗"和臂形的横木"栱"交叠而成的一种结构单位，其作用是把上面平置的梁或枋上的荷载集中传递到直立的柱子上。作为中国木结构建筑的重要构件，斗栱的制作工艺可作为考量一个时代木建筑总体水平的指标。铁器作为木作加工工具之一，在汉代得到极大发展，为斗栱加工工艺的提高提供了动力，使汉代斗栱的形式走向成熟与多样。

---

① 萧默. 中国建筑艺术史. 北京：文物出版社，1999.

湖北隋县塔儿湾古城岗东汉墓出土陶
屋顶（两面坡式屋顶正脊两端有蹲
鸟，中有"宝瓶"，均外吐黄色釉）
（《考古》1966年第3期）

江苏沛县出土东汉
画像石屋顶（正脊二
端及中间装饰）

山东日照县两城
山画像石中屋脊

山东嘉祥县
武梁祠石刻

山东肥城孝堂
山石祠（正脊二端
略起翘但无显著突起）

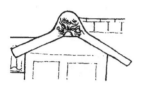

江苏徐州市十里铺东汉墓出土陶
楼（正脊起翘，端部有圆形饰）
（《考古》1966年第2期）

四川雅安县高颐阙屋顶

河南登封县太室阙
（正脊二端起翘明显，
戗脊则略有起翘）

广州市东郊东汉木椁
墓出土缘釉陶屋
（《文物》1984年第8期）

河南灵宝县张湾东汉陶楼
（正脊起翘，正中有鸟形饰。
正脊及戗脊端部有四瓣花形饰）
（《中国出土文物展（日本）》）

广州市东郊
龙生岗陶楼

东汉明器《中国营造学社汇刊》第5卷第2期
（现在美国宾夕法尼亚大学博物馆，
屋脊有凸起曲线，并有鸟兽形饰）

广州市南郊大元
岗出土东汉陶屋

辽宁辽阳市
东汉墓壁画

广州市出土
东汉陶屋

四川出土画像砖
（《中国住宅概说》）

东汉明器《中国营造学社汇刊》第5卷第2期
（现在美国哈佛大学美术馆，正脊两端
有原始"鸱尾"形饰，戗脊已用二重）

北京市琉璃河
出土陶楼上部

山东肥城孝堂山画像石
（《中国历史参考图谱》第六辑）

高颐阙

太室阙

望都陶楼

四川画像砖阙楼

◇ 图 3-14 汉代的各种屋顶形象

119

第三章 汉代建筑艺术概要

汉代斗栱正处在急剧发展的过程中，类型与外观丰富多彩。东汉以前的斗栱形象简单。东汉的斗栱结构更合理，类型更多元，外观也趋华丽。通过汉代长期实践和比较，最后确定了传统建筑一斗三升的标准形制。如图 3-15 所示的是汉代画像石中表现的斗栱。单栱形制变化较多，一斗二升和一斗三升是最常见的。一斗三升是在一斗二升的基础上在栱的中间也加上一块斗；在此以上还可再重复一层，构成重叠多层的斗栱。

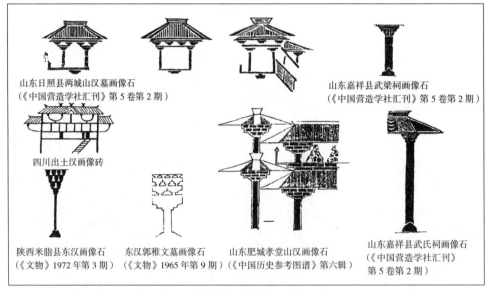

山东日照县两城山汉墓画像石
（《中国营造学社汇刊》第 5 卷第 2 期）

山东嘉祥县武梁祠画像石
（《中国营造学社汇刊》第 5 卷第 2 期）

四川出土汉画像砖

陕西米脂县东汉画像石
（《文物》1972 年第 3 期）

东汉郭稚文墓画像石
（《文物》1965 年第 9 期）

山东肥城孝堂山汉画像石
（《中国历史参考图谱》第六辑）

山东嘉祥县武氏祠画像石
（《中国营造学社汇刊》
第 5 卷第 2 期）

◇ 图 3-15 汉代画像石中的斗栱形象

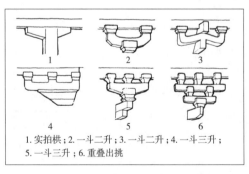

1. 实拍栱；2. 一斗二升；3. 一斗二升；4. 一斗三升；5. 一斗三升；6. 重叠出挑

◇ 图 3-16 汉代常见的斗栱类型

汉代斗栱虽处于初级状态，但尺度颇大，外挑很远，结构作用十分突出。同时，斗栱也有很重要的造型意义，是中国建筑寓装饰于结构的典型例证。总的来说，汉代斗栱的形制仍较简单、粗壮而自由。如图 3-16 所示的是汉代常见的斗栱类型。汉代斗栱或平或曲，有的甚至把栱雕刻成动物形状，这是发展期的特点。从斗栱形制和风格的多变中，也可见当时斗栱尚未统一、定型。

### 3. 墙体

汉代墙体以版筑夯土为围护，并增加承重柱来加强稳定性。也有土坯墙，牢固程度不如版筑。在夯土墙或土坯墙表面，则以草泥抹面并涂白灰，不仅有美化的作用，也增强了墙的整体性能。

汉代墙体在柱间多用水平方向的"壁带"加固。壁带横在墙壁中部，曰："壁中横木，露出如带者也。"壁带应在墙的内外都有施用，横向联系各柱，起固结土墙的作用（见图 3-17）。《汉书·翼奉传》中，"地大震于陇西郡，毁落太上庙殿壁木饰"，提到的也是壁带。壁带在南北朝时仍有，在敦煌石窟北朝壁画中多有描绘（见图 3-18）。

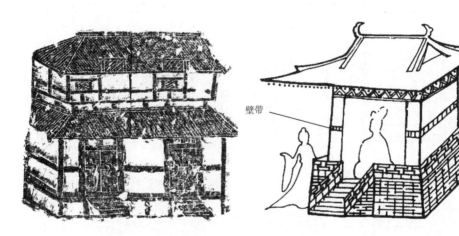

◇ 图 3-17　汉代画像砖中的壁带　　　　◇ 图 3-18　敦煌莫高窟第 285 窟的殿堂中的壁带

### 3.3.4　砖砌技术的发展

中国古代砖结构技术的发展有两次高潮：一次是在汉代，已出现加强砖墙整体性的各种砌法，并出现定型比例的砖；另一次是在明代，砖在建筑上被大量采用，砖结构的跨度大大增加。

汉代用砖的实例均见于墓室。战国时期创造的大块空心砖，大量出现在河南一带的西汉墓中。西汉时还创造了楔形的和有榫的砖，河南洛阳曾发现用条砖和

第三章　汉代建筑艺术概要

楔形砖作墓室，有时也采用企口砖以加强拱的整体性。当时的筒拱顶有纵联砌法和并列砌法两种（见图 3-19）。从东汉开始，为适用砖结构和施工技术的需要，砖块规格逐渐统一。砌砖形式有单砖多向多面以及空斗的组合等。

墓壁砌法，或以卧立层相间，或立砖一层，卧砖两三层；而各层之间，丁砖与顺砖又相间砌，以保持联络。用画像砖的墓，就像近代用面砖的做法，画像砖镶嵌在墓壁上（见图 3-20）。墓室顶部穹窿的结构，有的采用平砌之砖形成逐层叠涩，有的真正发券；前者多见于辽东高丽，后者则常常见于在中原及巴蜀。

砖砌技术的优劣与墙体的稳定和牢固、美观和经济都相关。它包括斫砖、磨砖、灌浆、填粉、粉刷、贴面等工艺环节。从战国起砌砖就有用泥浆胶结，到汉代已有磨砖对缝、灌灰浆、镶嵌贴面等做法。[①]

◇ 图 3-19　汉代砖的砌法

① 萧默. 中国建筑艺术史. 北京：文物出版社，1999.

◇ 图 3-20 汉代石墓的画像砖石

## 参考文献

布朗.古代中国：尘封的王朝.北京：华夏出版社，2002.

曹劲.先秦两汉岭南建筑研究.北京：科学出版社，2009.

曹胜高.论东汉洛阳城的布局与营造思想——以班固等人的记述为中心.洛阳师
　　范学院学报，2005，6.

陈昌文.汉朝城市规划及城市内部结构.史学月刊，1999，3.

方成军.淮河流域汉代墓葬形制研究.安徽大学学报（哲学社会科学版），2002，9.

方原.东汉洛阳历史地理若干问题研究.西北大学硕士学位论文，2008.

傅熹年.中国古代城市规划、建筑群布局及建筑设计方法研究.北京：中国建筑
　　工业出版社，2001.

高文.中国汉阙.北京：文物出版社，1994.

贺业钜.中国古代城市规划史.北京：中国建筑工业出版社，2003.

洪娟.《淮南子》对汉代绘画艺术的影响.衡水学院学报，2011，13(3).

姜波.汉唐都城礼制建筑研究.中国社会科学研究院博士学位论文，2001.

姜波.汉唐礼制建筑研究.北京：文物出版社，2003.

第三章　汉代建筑艺术概要

蒋英炬，杨爱国.汉代画像石与画像砖.北京：文物出版社,2001.

李德喜.中国墓葬建筑文化.长沙：湖北教育出版社，2004.

李久昌.古代洛阳都城空间演变研究.陕西师范大学博士学位论文，2005.

李爽.古都建设的继承和发展——从汉长安城到唐长安城.文博，2002，4.

梁思成.图像中国建筑史.天津：百花文艺出版社，2001.

刘敦桢.中国古代建筑史（第二版）.北京：中国建筑工业出版社，1984.

刘灏.汉阙的建筑艺术特点及精神性功能.文物世界，2011，2.

刘叙杰.中国古代建筑史（第一卷）.北京：中国建筑工业出版社，2003.

庞天佑.论汉赋的史料价值.湛江师范学院学报，2005，10.

吕焕加，吕舟.清华大学建筑学术丛书，建筑史研究论文集（1946—1996）.北京：
　　中国建筑工业出版社，1996.

宋其加.解读中国古代建筑.广州：华南理工大学出版社，2009.

孙机.汉代物质文化资料图说.上海：上海古籍出版社，2008.

孙珺.浅析汉代建筑艺术的设计思想和风格.沈阳建筑大学学报：社会科学版，
　　2007，1.

王翠萍.西汉长安城的布局特色.西北建筑工程学院学报：自然科学版，1999，1.

王鲁民.中国古代建筑思想史纲.长沙：湖北教育出版社，2002.

王征.大遗址的保护与利用——汉长安遗址保护规划的空间营造探讨.西安建筑
　　科技大学硕士学位论文，2006.

王仲殊.汉代考古学概说.北京：中华书局，1984.

王子今.秦汉时期生态环境研究.北京：北京大学出版社，2007.

魏群.中国传统居住社区的空间形态及其流变.华侨大学硕士学位论文，2007.

萧默.中国建筑艺术史.北京：文物出版社，1999.

杨敏.基于地域文化视角的西安市城市空间结构演变研究.东北师范大学硕士学
　　位论文，2009.

于福艳.从画像石中的汉阙艺术看汉代建筑形式.山西建筑，2010，6.

张博.论汉阙建筑的文化特性及其当代意义.陕西师范大学学报（哲学社会科学
　　版），2008，2.

张十庆.从建构思维看古代建筑结构的类型与演化.建筑师，2007，4.

张勇.河南出土汉代建筑明器.中原文物，1999，2.

中国科学院自然科学史研究所.中国古代建筑技术史.北京：科学出版社，2000.

中国社会科学院考古研究所汉长安城工作队，西安市汉长安城遗址保管所编.汉
　　长安城遗址研究.北京：科学出版社，2006.

周天游.论汉代文化的基本特征.社会科学战线，2007，2.

周学鹰.从出土文物探讨汉代楼阁建筑技术.考古与文物，2008，3.

周长山.汉代城市研究.北京：人民出版社，2001.

第三章　汉代建筑艺术概要

# 第四章　基于符号论的汉代建筑诠释

第三章从汉代建筑的风格特征、汉代城市的布局和构成、汉代建筑的营造技术等方面对汉代建筑艺术进行了概述。本章将在此基础上，通过引入现代符号学，从地上建筑遗存和地下建筑遗存两个方面，对汉代建筑的布局、形态、装饰和色彩等方面进行具体诠释。

## 4.1　诠释方法

### 4.1.1　现代符号学的主要理论体系

19 世纪末，语言学家索绪尔和哲学家皮尔斯分别提出了关于符号学的理论。索绪尔的理论对符号的能指与所指进行了定义，奠定了符号学的理论基础。皮尔斯的主要贡献在于他对符号学进行了明晰的定义。之后，莫里斯提出符号学由符用学、符构学、符义学三部分组成的观点。这三种理论系统简述如下。

**1. 索绪尔的符号理论**

符号学最早是语言学中的理论，索绪尔编著的《普通语言学教程》对符号系统的研究影响深远，开创了符号学理论研究的先河。索绪尔符号学理论的核心内容是定义了符号的组成要素，也就是我们所说的能指与所指。其定义是，能指是指符号的形象，所指是符号所代表的意义。

### 2. 皮尔斯的符号理论

美国哲学家、逻辑学家查·桑·皮尔斯在索绪尔符号学理论的基础上创建了较为完善的符号学理论体系。在皮尔斯的符号理论中，符号活动其实是一种事物与其他事物联系、被解释的过程。他将符号划分为三个层次：第一层次是符号本身；第二层次是符号的能指与所指；第三层次是符号与其代表的内容。皮尔斯的符号学理论对建筑设计与认知有一定的影响。

### 3. 莫里斯的符号理论

皮尔斯的学生查理·威廉·莫里斯又对皮尔斯理论进行了深化和延续。他的主要贡献是将符号学分为符构学、符义学和符用学三个部分。符构学研究的是符号的组织结构；符义学研究的是符号和对象之间的关系，涉及符号的形式与意义的关系；符用学是对符号的起源、使用、符号的作用以及符号与使用者间关系的研究。三者之间是包含的关系，其中符用学是最根本的，符义学是符用学的一部分，而符构学则又是符义学的一部分，它们之间层层包含，形成了符号学的基本框架。

## 4.1.2 建筑符号学

虽然符号学很早就在意大利被引入建筑学中；但建筑符号学作为一种建筑理论却是在20世纪40年代萌芽，60年代兴起，70年代成长。勃罗德彭特、詹克斯等人进行了相关研究，文丘里、布朗等人则对建筑符号学的理论和实践进行了广泛探索。符号源于语言学，拓展到建筑学领域，其意义在于符号的交流和传达，即通过符号将建筑文化的精神层面转换成建筑设计的可视层面。在建筑符号学中，建筑的能指代表建筑的形式，建筑的所指代表建筑的意义，广义而言则是探讨建筑符号的形式与意义的关系。建筑符号学中，能指与所指之间的对应关系是在约定俗成的基础上建立起来的；建筑符号通常借助于某种形象来传达意义，这一形象可以是具象，也可以是抽象。

《符号、象征、隐喻》一书中认为："符号体系不仅是形式，也是风格与思想，是建立在价值体系基础上的社会文化表达体系。符号是人类彼此之间的一种约定，在这类约定中，某种物质的结构形态被约定为代表某种事物。"建筑符号不仅反映建筑语言的某个词汇，而且也反映在特定关联领域中结构与形式的内在

关系。

一般而言，建筑师会选择一些对应的符号来传达信息，所以对符号的认知也成为大众对建筑进行审美和文化体验的重要手段。建筑可以说是具有内在规律和秩序的代码系统。建筑代码的种类有三种：第一种是技术代码，即建筑的梁、楼板、构件、照明等，没有交流的功能；第二种是句法代码，是建筑构件系统的排列组合方式；第三种是语义学代码，是建筑的含义。

根据莫里斯对符号学的划分，建筑符构学研究的是建筑符号理论中最基础的部分，揭示的是符号与符号之间的组合。如建筑形式设计中，用现代建筑设计手法对点、线、面进行有机组织。建筑符义学研究的是"能指"和"所指"之间的关系，即符号本身和符号所能表达的意义之间的关系。建筑的能指有一定的规律和限制，在建筑中能指可理解为建筑的空间、形态、形式、构图等。建筑的所指可理解为建筑的内容，即建筑所传达的意义和精神。由于社会文化等因素的制约，建筑的所指也是特定的。建筑符用学主要关注建筑符号对人产生的作用。

### 4.1.3　应用建筑符号学的意义

人类文化的一大特征，就是能使用符号来传达意义、交流思想和感情。作为城市文化载体的建筑往往也是通过符号化的形态与形象来达到传达文化意义的目的。一个城市具有独特而明确的城市风貌特征，往往具有一套丰富而成熟的风貌特色符号。从比较成功的城市建筑风貌特色营造案例来看，传统历史街区正是具有了一系列稳定的建筑符号才显得特征明确且稳定。同时，随着时光的流逝，这些符号化的元素逐渐成为城市文化的稳定组成部分，从而具有直接的识别性和文化的指代性。

"建筑符号学的意义在于交流，是人们对周围世界认识的一个不可分割的部分和有效手段，它主张用人类文化真实而科学的整体感受去理解和感受建筑整体问题，一方面它有效地帮助人们在新的层面上全面深入了解建筑、认识建筑的意义，另一方面在使用者和设计者之间架起一座桥梁。"[①]

在建筑文化发展过程中，建筑符号学为设计师的建筑创作提供了理论依据，

---

① 吴耀华. 谈建筑符号学. 山西建筑，2004，12.

使我们将对建筑原有的直觉式思维转变为有意识的活动，使我们在面对城市风貌和建筑创作时可以以文化为背景，科学地研究城市风貌和建筑形式。[①]因此，规划师和建筑师就要善于发现和提炼隐藏于感性形态之后的文化意义，用符号化的建筑语言，让人们联系特定的文化情景，感知城市的风貌特色，并据此解读该城市独特的城市文化。因此，在当代地域建筑设计中引入符号学的理论和手法具有重要的意义。

首先，是对地域建筑文化的传承。地域建筑文化包括两个方面，即横向的自然地理特征下的地域建筑文化和纵向的历史文脉下的地域建筑文化。一方面，特定的自然地理特征给特定地域留下了约定俗成的符号，用这些符号联系建筑与自然环境；或者由设计师通过对当地自然特征的体验，从大自然中吸取灵感，将建筑创作与自然进行呼应。另一方面，特定的历史文脉也给了当地独一无二的建筑设计背景。符号学的方法能将现代建筑与自然环境、历史文脉联系起来，使建筑完成传承地域文化的功能。

其次，增加建筑的可识别性。建筑符号学在实践中的应用有助于突出建筑的特征，加强建筑符号与人之间的交流，从而增加建筑和城市的可识别性。

最后，建筑符号的能指即建筑本身的形式，它能表达的含义是丰富的；建筑符号的所指是精神的，而且不同的体验者在感受建筑时会有不同的感想或联想，这些不同的感受构成了这个建筑区别于其他建筑的识别符号。建筑的可识别性就是通过建筑传达给人们的符号来完成的。

### 4.1.4 对象、内容和方法

#### 1. 解读对象

汉代建筑虽然其实物仅存极少数的石祠和石阙，但对照大量的汉代文献记载以及建筑遗存，我们应该能够窥见汉代建筑比较真实的面貌。汉代建筑遗存可分为地上、地下两大类：地上有墓前石祠、石阙或考古发掘的地面建筑遗址等；地下则多为墓葬以及出土的众多文物，包括画像砖石、明器等。本研究的解读对象包括地上和地下两大部分。

---

① 余婷. 建筑符号学理论下的商业步行街设计. 合肥工业大学硕士学位论文，2009.

**2. 解读内容**

本书将从建筑布局样式及符号、形态样式及符号、色彩和装饰样式及符号三个方面着手，解读体现汉代建筑特征的符号。

（1）布局样式及符号

汉代建筑群布置注重与周边环境的和谐共存，这与当今的可持续发展理论是一致的。因此，我们从建筑布局样式中寻找当代需要传承的要素。汉代最常见的建筑组群为廊院式布局，常以门、回廊衬托主体建筑的庄严；或以低小的次要房屋、纵横参差的屋顶以及轴线布局的方式衬托中央主要部分，使整个组群呈现有主有从、富于变化的空间格局。

（2）形态样式及符号

汉代建筑的外形与内在的结构之间，与实际的生活需要之间，存在简洁明了的逻辑关系，这与现代建筑设计的基本原则是吻合的。在汉代建筑形态样式方面，其突出的表现就是木构架建筑渐趋成熟，以其博大的气势、刚健有力的气质形成了我国早期建筑的特殊风貌。我们将从屋顶、墙身和台基等方面展开论述，并分别提取有特征性的形态符号。

（3）色彩和装饰样式及符号

建筑色彩和装饰也是汉代建筑的重要组成部分，其除了实用功能之外，往往还有深刻的寓意，是建筑精神意义的延展。如果恰当地运用汉代建筑色彩和装饰，可以有效地体现汉文化的内涵。在汉风建筑设计中，可以采取传统色彩和装饰，给人以直观的视觉感受。

**3. 解读方法**

汉代建筑特征主要表现在布局、形态、色彩和装饰等方面，并从这些方面提取特征性的建筑符号。狭义的"建筑符号"指建筑形态上最直观的特征，而广义的"建筑符号"也包括富有特色的各种建筑处理手法。我们将从上述几个方面，分类提取、凝练和传承这些特有的建筑符号。具体而言，我们把在汉代建筑遗存中经常出现的或者具有特色的要素，作为当今需要传承的符号提取出来。

# 4.2　地上建筑遗存的诠释

## 4.2.1　地上建筑遗存概述

### 1. 石祠

山东孝堂山郭氏墓石祠可以说是中国最早最完整的地上建筑遗存了。该石祠在山东省长清县的孝堂山顶，是中国现存最早的石筑石刻房屋建筑。祠内石壁和石梁上遍布精美的线刻图画，具有较高的历史和艺术价值。孝堂山是一座高约30米的土山，传说为东汉的孝子郭巨的墓祠。就祠内题记和画像风格判断，建筑年代在公元1世纪左右。该石祠为单檐悬山顶的两开间房屋，坐北朝南，面宽4.14米，进深2.5米，高约2.64米。图4-1所示的是该石祠的复原图。

石祠不是独立存在的，它是一个墓地中众多建筑物的一个组成部分。考古发现和文献资料显示，东汉具有祠堂的墓地形式大致可分为以单个墓祠为中心的墓地和以众多墓祠组成的墓群两种，前者的代表遗址有位于山东金乡的传说为朱鲔的墓地，可能建于公元2世纪中期（见图4-2）。

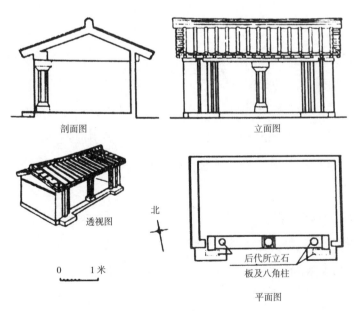

剖面图　　立面图

透视图

北

0　　1米

后代所立石
板及八角柱

平面图

◇ 图4-1 山东孝堂山郭氏墓石祠复原图

第四章　基于符号论的汉代建筑诠释

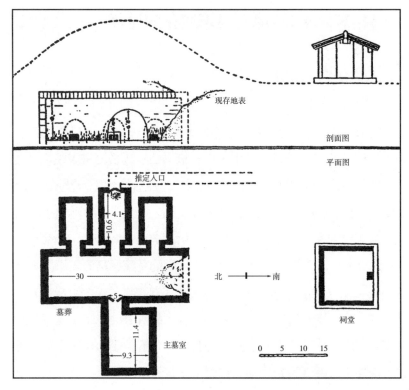

现存地表

剖面图

平面图

推定入口

4.1

10.6

30

北 ——————— 南

墓葬

5

祠堂

11.4

9.3

主墓室

0  5  10  15

◇ 图 4-2 费慰梅所作的山东金乡朱鲔墓地复原图

## 2. 阙

阙是指我国古代设置在宫殿、城垣、陵墓、祠庙和官宅等重要建筑入口前两侧的装饰性构筑物。阙起源于周代，历经汉唐，延续至明清，从未中断。阙这种构筑物本来具有比较神圣的意义，只有在天子雉门和各国都城的城门外才能建造，目的是以壮观瞻和分辨尊卑。西汉以来，阙的使用有所扩大，除宫门、城门外，在帝王陵墓和祠庙等高级建筑的入口处也可建造，分称宫阙、城阙、墓阙和庙阙。

汉代大墓前神道两侧常有双阙。文献记载最早的是西汉大将军霍光墓，"起三重阙"，即阙上有次第三座屋檐：主阙最高，阙外侧的两重子阙屋顶次第降低。这是一种最尊贵的阙制，本应属天子专用，所以当时就被指斥为"侈大"、"侮上"，现已不存。

东汉大宅第门外常建有双阙，以象征门第的高贵。许多出土的东汉画像砖常

◇ 图4-3 曲阜市旧县村画像石中的大规模宅院

有双阙形象，有的可能仍属宫殿或某些重要场合所用，但有些已明显用于大型住宅。图4-3 所示的是山东曲阜市出土的可以看到表现全宅的画像砖，宅院前对立双阙。四川不少墓的墓道两侧壁上镶嵌阙形画像砖，各为单阙，左右相对，阙下立有执盾守门人，表示在墓主人生前所居宅第前。阙在东汉时用于宅第，打破了此前帝王的垄断，也说明了地方豪强势力的增长。

汉阙按建造材料又可分为木结构、石结构和石仿木结构等。现存的汉阙都为石结构。但此类石阙，正如墓前常见的石人石兽是对真人真兽的模仿一样，一般石阙的外形就像一座木构楼房，从上到下可分为阙顶、阙身和阙基三部分。阙顶即屋顶，用石材雕刻出仿木的檐屋、脊饰、瓦当、柱子等形状。这类阙的檐屋就像木建筑的屋檐，既有遮雨的功能，又具装饰性。阙身相当于屋身，由多层石材堆砌，在石材上雕刻出斗栱、柱子、栏杆等图像，具有很高的观赏价值。阙基则代表中国古代建筑中常见的台基。

现存汉代石阙实物尚有34处，多为东汉遗存。分布以四川为最多，其余在河南、山东和北京等地。其中墓阙28处，庙阙6处。①

到了东汉，阙的形制已趋成熟，形式也更加灵活。石阙具有仿木结构的特点，为人们研究汉代建筑结构提供了可靠的资料。东汉多见双阙，东西相对，以两层居多，常见形制较简洁。其他形制有两阙间设门，也有增设子阙。东汉大墓前还开始置狮子、辟邪等石兽，这一类小品与石阙一起，更多强调了墓园的南向正面，扩大了神道的纵深空间，以其较小的尺度衬托出封土的巨大体量，渲染了陵墓的纪念气氛。

① 刘叙杰.中国古代建筑史（第一卷）.北京：中国建筑工业出版社，2003.

第四章 基于符号论的汉代建筑诠释

### 4.2.2　石阙中提取的特征和符号

　　图 4-4 所示的高颐阙位于四川省雅安市城东汉碑村，是我国现存汉阙中较为完整的一座。它建于东汉建武十二年（公元 36 年），是东汉益州太守高颐及其弟高实的双墓阙的一部分。东西两阙相距 13.6 米，东阙现仅存阙身，西阙即高颐阙保存完好。高颐阙高约 6 米，由红色硬质石英砂岩石堆砌而成，为有子阙的四阿顶仿木结构，其中上下檐之间相距十分紧密。屋脊正中雕刻一只展翅欲飞的雄鹰，阙身置于石基之上，表面刻有柱子和额枋，柱上置有两层斗拱，支撑着檐壁。高颐阙造型雄伟，轮廓曲折变化，古朴浑厚，充分表现了汉代建筑的端庄秀美以及汉代精湛的工艺水平。从高颐阙中，我们抽取的形态特征为：①四阿顶，屋脊短而直，中间有脊饰；②一斗二升斗拱；③檐下有圆椽；④阙身收分。

　　表 4-1 是部分现存汉阙的汇总表。通过考察和梳理这些现存的汉阙，可以看到他们的形态共性。

134

◇ 图 4-4　四川省雅安市的高颐阙及其立面图

表 4-1　部分现存汉阙汇总表

| 地点 | 汉阙名称 | 实景 | 备注 |
|---|---|---|---|
| 四川雅安 | 高颐阙 | | 高颐阙是全国唯一的碑、阙、墓、神道、石兽保存最为完整的汉代葬制实体。此阙也是我国保存最为完好、雕刻精美、内容丰富的石阙 |
| 重庆忠县 | 丁房双阙 | | 丁房双阙高约 7 米，两阙分立东西，相距 2 米。阙上有重檐屋顶，两层之间以双层石块堆砌，四周皆有浮雕 |
| 重庆忠县 | 乌杨石阙 | | 乌杨石阙为重檐庑殿顶双子母石阙，具有顶盖出檐宽、阙体收分大、构造简洁的特点 |
| 山东临沂市 | 平邑汉阙 | | 平邑汉阙由灰青石筑成，总高 2.1 米（不包括阙基），面宽 0.72 米，厚 0.59 米，接近方形；上雕人像、车骑、禽兽、铭记等 |
| 四川梁县 | 冯焕阙 | | 冯焕阙高 4.38 米，为仿木结构，下层正面雕刻出三柱；中间三层重叠的仿木均各向外出挑少许；最上层为单檐四阿顶，有斗栱 |
| 四川梁县 | 沈府君阙 | | 沈府君阙是汉阙中唯一的双阙幸存者。约建于东汉延光年间（公元 122—125 年）。两阙东西相距 21.62 米，阙高 4.84 米 |
| 四川绵阳 | 平阳府君阙 | | 平阳府君阙两阙相距 27.22 米。该阙造型匀称稳定，仿木结构逼真，各部件比例协调。主阙高 5.21 米，子阙高 2.98 米 |

第四章　基于符号论的汉代建筑诠释

我们梳理和归纳了汉阙中的形态共性，并把这些共同特征作为当代汉风建筑的传承因子加以继承（见表4-2）。

表4-2　现存汉阙中提取的传承因子

| 名称 | | 传承因子 |
|---|---|---|
| 阙顶 | 样式 | 四阿顶、重檐四阿顶 |
| | 屋脊 | 短而直、正脊中间有脊饰 |
| | 斗栱 | 一斗二升为主 |
| 阙身 | | 有收分 |
| 台基 | | 覆斗形高台或低台 |

### 4.2.3　遗址中提取的特征和符号

考古发掘的汉代遗址是建筑布局的真实反映，通过对遗址布局的简化和提炼，能得到具有特征性的布局符号。图4-5是对未央宫发掘遗址位置图的信息简化和提取。首先从平面位置图得到布局示意图，再从示意图中提取"随形就势"这一建筑布局符号。对建筑单体布局符号的提取也采用同样的方法，图4-6是对明堂辟雍建筑遗址符号的提取。

如上所述，通过对目前已经进行过考古挖掘的汉代建筑遗址研究，可以得到布局特征和共性，我们把这些特征和共性作为可以传承的因子，其汇总见表4-3。

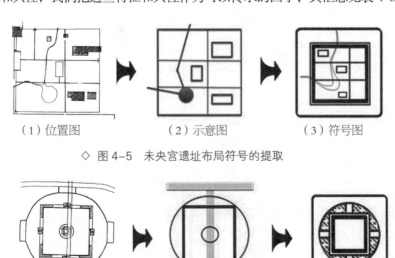

（1）位置图　　　　（2）示意图　　　　（3）符号图

◇　图4-5　未央宫遗址布局符号的提取

（1）平面图　　　　（2）示意图　　　　（3）符号图

◇　图4-6　明堂辟雍遗址布局符号的提取

表 4-3　遗址中提取的传承因子及其符号表达

| 名　称 | 传承因子 | 符号表达 |
|---|---|---|
| 空间组织方式 | ①围绕轴线不规则分布；<br>②依次布置门、庭、堂；<br>③明堂辟雍格局；<br>④随形就势 | |
| 轴线展开方式 | ①十字形轴线；<br>②一字形轴线；<br>③不规则轴线 | |
| 围合方式 | ①院墙围合；<br>②水体围合；<br>③回廊围合 | |

## 4.3　地下建筑遗存的样式诠释

### 4.3.1　地下建筑遗存的概述

**1. 墓葬**

汉承秦制，帝陵、王侯陵都有方锥形封土，封土的平顶上也有享堂；并于陵侧建祭祀死者的庙，庙中有正殿、正寝和便殿。汉代地主官僚大墓也有封土，有的也建享堂，但木结构享堂都已不存在。

墓葬的内部结构从战国到东汉变化较大，流行木椁墓、空心砖墓、小砖墓、石室墓、崖墓和土坑墓等六种墓式。商周盛行的木椁墓，到西汉时主要在南方地区流行，可以长沙马王堆西汉轪侯家族墓群为代表，东汉不再盛行。战国晚期出现的空心砖墓在西汉特别盛行，东汉也有。这种墓室以很大的空心砖代替木板为椁，是木椁墓向小砖墓的过渡。小砖墓出现在西汉晚期，盛行于东汉，以后成为各代直到明清的主要墓室形制。东汉中期以后出现石板砌造的石室墓和在崖壁上开凿的崖墓。石室墓以长方形单室为多，也有十分复杂的多室。崖墓主要流行在

第四章　基于符号论的汉代建筑诠释

四川西部，沿用至南北朝。大型崖墓可在深入崖内的墓道两侧凿出多个墓室。土坑墓各时代都有，有的只是一个竖穴，有的在竖穴旁边挖出一个土室，主要是下层民众的墓葬。

### 2. 建筑明器

中国古人相信死去的人灵魂不灭，将在另一个世界重生，因而把他生前用过的或喜欢的东西以实物或陶制物件的形式埋在墓里。明器，即冥器，是我国古代葬殓礼仪中仿照实物缩制而成的各种殉葬器物的总称。明器早在周代已经开始使用，基本分为两种类型：一是墓主生前使用的实际生活用品；二是模仿现实生活中物品的形象制成的俑，是生活物品的替代品。俑的内容十分广泛，包括各式各样的人物、房屋、禽兽和器物等。

汉代推崇"事死如事生"，但随着社会思想的变化，汉代墓葬中的随葬品由早期的玉制品、礼器向后期的陶制品、实用器方向发展，世俗生活的比重在不断地加强。因此，葬俗出现的显著变化之一就是"建筑明器"的出现。建筑明器是表现为房屋形象的俑的统称。汉代的建筑明器大多以陶泥制作，少量的有石材或木材。

考古发掘出土了大量的汉代建筑明器，种类有宅屋、仓房、院落、台榭、作坊以及厕所等（见图4-7）。尽管它们是古人用来随葬的建筑模型，但也是建筑形象的物化表现，是利用缩小了的建筑模型来表现人们的思想观念。同时，我们也应该认识到，由于受到使用材料、制作水平、经济能力以及思想观念等方面的限制，建筑明器也只是对实际建筑物较为逼真的模仿，并带有一定程度的抽象。[①]

### 3. 建筑画像砖石

汉代画像石是贵族墓室内外的建筑材料，一般镶嵌在墓室壁上，是墓室结构的一部分，同时又是一种装饰品。汉画像砖专指汉代运用于画像砖墓壁或地面建筑贴面的模印砖，是中国古代用于墓室建筑的砖刻绘画。这种画像砖厚度较薄，仅4厘米左右，专门作为装饰贴面使用。

画像石、画像砖在西汉兴起，东汉更盛，主要用于墓室中，也见于墓上的石祠等。画像石、画像砖分布颇广，在山东、河南、四川、江苏、陕西、山西、

---

① 周学鹰. 汉代建筑明器探源. 中原文物，2003，3.

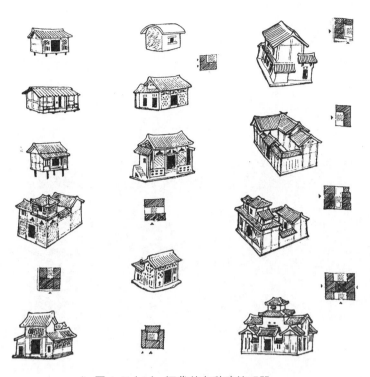

◇ 图4-7（1） 汉代的各种建筑明器

湖南常德市出土东汉陶楼
（《湖南省文物图录》）

湖南常德市西郊东汉6号墓出土陶楼
（《考古》1959年第11期）

湖北宜昌市前坪东汉墓陶楼明器
（《考古学报》1976年第2期）

河南出土汉代陶楼
（《文物》1990年第12期）

河南灵宝县张湾汉墓出土陶楼
（《文物》1975年第11期）

◇ 图4-7（2） 汉代的各种陶楼明器

第四章 基于符号论的汉代建筑诠释

河北、安徽、湖北均有发现，而以山东、河南、四川数量最多。考古发现的汉代画像石、画像砖非常多，其分类主要有社会生活类、历史故事类、神鬼祥瑞类和花纹图案类等（见图4-8），不少汉画像砖石中描绘有建筑形象，如门阙、楼阁、宅院、桥梁以及建筑构件等，我们把这种包含建筑形象的画像石和画像砖统称为建筑画像砖石。

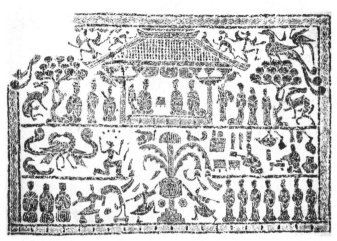

◇ 图4-8 画像砖石中表现的社会生活和祥瑞图案

如图4-9所示的是四川出土的画像砖，上面描绘的是一个田字形平面布局的四院住宅。该住宅以左侧的两院为主，左侧前院较小，前廊开栅栏式大门，后廊正中开中门；后院最大，内有堂屋一座，屋内有主人对坐。右侧也分前后两院，前院较小，内有井、炊和晒衣架，是服务性内院；后院较大，建高楼一座，形象似阙，是守卫和储藏贵重物品的地方。由此可见，院落住宅的户外空间是住宅的有机组成，用于室外生活作息。此宅布局比较灵活，不那么规整，反映了中小型住宅中小农自给自足式的生活状态。[①]其他不少画像砖、画像石中的建筑组群，常表现主人宴饮生活情况（见图4-10）。有的还表现了高达三层的楼阁及望楼。

① 萧默.中国建筑艺术史.北京：文物出版社，1999年.

◇ 图4-9　四川成都出土的画像砖上的田字住宅

141

◇ 图4-10（1）　画像砖石中表现的生活场景——庖厨夜宴

◇ 图4-10（2）　画像砖石中表现的生活场景——烧烤图

第四章　基于符号论的汉代建筑诠释

### 4.3.2　陵墓中提取的特征和符号

汉代陵墓考古挖掘很多，我们选取保存较为完整的，能够证实其年代及墓主身份的墓址；同时选取的案例要涵盖从西汉到东汉的各个时期，各种级别的陵墓，来解读其布局特征。我们把具有特色的布局形式，作为可以传承的布局模式提取出来。具体方法是，首先从汉代陵墓平面图中得到布局示意图，再从几个类似的布局示意图中提取布局样式符号。

#### 1. 十字形轴线符号

选取的案例之一是西汉宣帝杜陵寝园。该陵墓为帝陵，位于陕西西安，图4-11左侧所示的是其地面陵园的格局，而右侧为简化的布局示意。

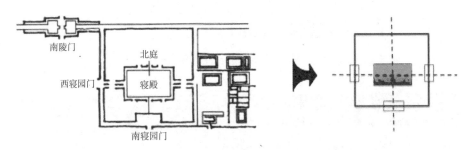

◇ 图4-11　西汉宣帝杜陵寝园平面及其布局示意

选取的案例之二是西汉中山王刘胜及妻窦绾墓。该陵墓为贵族陵，位于河北满城，如图4-12左侧所示的是其地下墓室的布局，右侧为简化的布局示意。

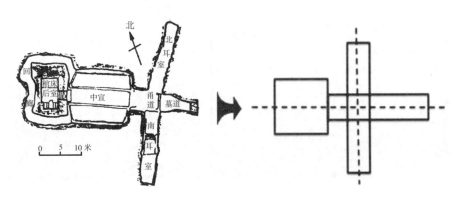

◇ 图4-12　西汉中山王刘胜及妻窦绾墓平面及其布局示意

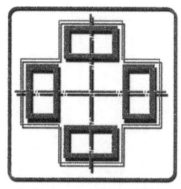

◇ 图4-13 十字形轴线符号

以此类推，从这些布局示意图可见，其共同特征是有或隐或现的十字轴，从而得到十字形轴线这一符号（见图4-13）。

**2. 一字形轴线符号**

选取的案例之一是北洞山西汉楚王崖墓。该墓为王侯陵，位于江苏省徐州，图4-14左侧所示的是其地下墓室的布局，右侧为主要部分的简化布局示意。

选取的案例之二是峪关市东汉三号画像砖墓。该墓为贵族墓，位于甘肃嘉峪关市，图4-15左侧所示的是其地下墓室的布局，右侧为简化的布局示意。

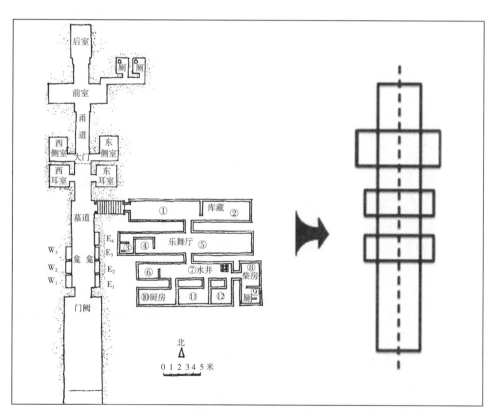

◇ 图4-14 北洞山西汉楚王崖墓平面及其布局示意

第四章　基于符号论的汉代建筑诠释

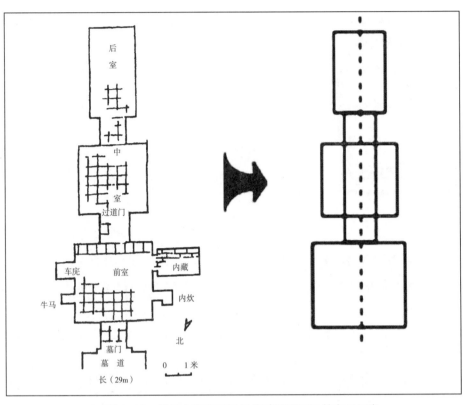

◇ 图4–15 峪关市东汉三号画像砖墓平面及其布局示意

以此类推，从这些布局示意图可见，其共同的特征是有明显的一字形主轴，得到如图4-16所示的一字形轴线符号。

**3. 鱼骨形轴线符号**

选取的案例之一是九龙山西汉崖墓。该墓为王侯陵，位于山东曲阜，如图4-17左侧所示的是其地下墓室的布局，右侧为简化的布局示意。

选取的案例之二是望都县二号东汉墓。该墓为王侯陵，位于河北满城，如图4-18左侧所示的是其地下墓室的布局，右侧为简化的布局示意。

以此类推，从这些布局示意图可见，其共同

◇ 图4-16 一字形轴线符号

汉风建筑de诠释与重构

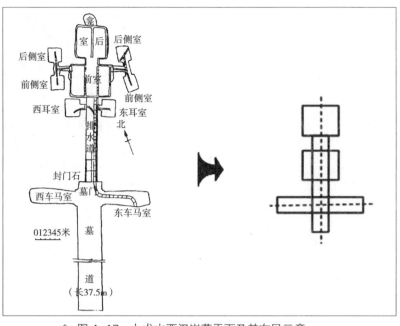

◇ 图 4-17　九龙山西汉崖墓平面及其布局示意

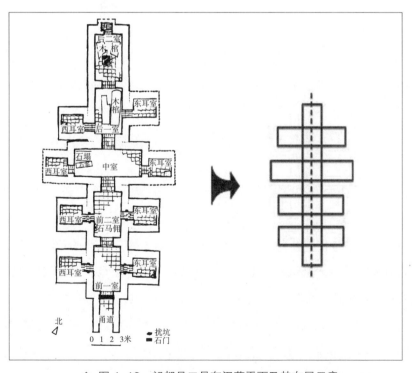

◇ 图 4-18　望都县二号东汉墓平面及其布局示意

的特征是有纵向主轴和或长或短的横向次轴，得到如图4-19所示的鱼骨形轴线符号。

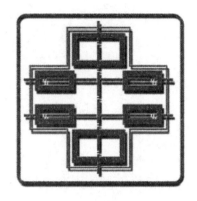

◇ 图4-19 鱼骨形轴线符号

### 4.3.3 建筑明器中提取的特征和符号

#### 1. 汉代住宅情形

##### （1）中小型住宅

明器中出现的中小住宅形象，房屋平面多为一字形、L字形、U字形，也有H字形者。一般在一字之后、L字的另一角、U字的开口和H字的前后开口处筑有院墙，形成院落。如图4-20所示是东汉明器中的小型住宅。图上排正中的是广州某一"H"形住宅，其当中一横是主体，正中建二层楼，左右横接单层屋，两端再各向前后接更低的单层屋，前院墙中间设大门，门有屋顶。层次分明，主次突出。[1]

也有以楼房为主的住宅，以湖北云梦出土的一座明器为代表，由前后两列楼屋组成（见图4-21）。前列平面横长方形，两层，各横分为数室，是主要居住房间，上层覆四阿顶，下层有披檐。后列的东部组合厕所和猪圈成小院；中部高通两层，为厨房；西部为望楼，耸出众屋之上，顶为悬山。上层在前后两列之间的走廊和望楼中间留梯孔。在前列左右和望楼一侧伸出挑楼，以曲木承托。由此可见，此宅以楼房为主，没有轴线，布局自由。[1]

##### （2）宅第

《汉书》和《后汉书》中多次提到上层官僚的大宅，称之为"第"，综合各书所记可知其大致情况。一般第有前后多重院落，组成前堂后寝。入口处设双阙，正门经过一院达中门。正门之侧有屋，可留宾客。中门里面的一院最大，正面是堂，是家庭生活中心，也可接见宾客。堂左右连接称为东、西厢的房间。沿院墙有围廊。有的大第后面还有花园。

文献中的这种宅第给人的印象是布局严谨，气氛端庄，其前堂后寝的格局与宫殿的前朝后寝是同一用意，既反映了封建社会生活的实际需要，又体现了尊卑

---

① 萧默. 中国建筑艺术史. 北京：文物出版社，1999年.

◇ 图 4-20　东汉明器中的中小型住宅

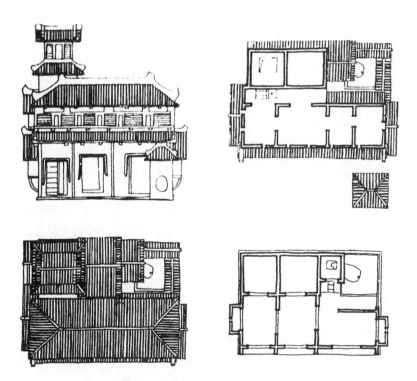

◇ 图 4-21　湖北云梦出土楼房住宅明器

第四章　基于符号论的汉代建筑诠释

内外的等级观念。从第的形制来看，大住宅和宫殿的布局原则基本上是相通的，只是规模大小有所不同。

（3）坞壁

西汉以来，土地集中，庄园经济迅速发展。东汉社会不宁，大庄园主纷纷募集家兵，筑坞自保，成为一方豪强。坞壁住宅在东汉的大量兴起便反映了这一社会情况。坞壁是一种城堡式的大型住宅，兴起于东汉，明器表现出它们的突出特点，即防卫性很强，有高墙围成方院，墙四角或有角楼，院门常作"坞壁阙"式，院内正中或靠后常建称为望楼的四五层高楼。[①]由于要对付坞外的攻击，坞壁的性格都较外向，望楼和角楼扩大了对外部空间的控制；望楼高耸，与四角角楼形成体量上的对比，形象上又取得呼应。

坞壁明器在河南、甘肃、内蒙古、广东和湖南都有出现，可见当时分布之广。如图 4-22 所示的是河南淮阳县于庄东汉墓陶坞堡，院内高楼可观望敌情，指挥防御。坞壁阙是孤立双阙的发展，它不再孤立在大门以外两边，而是后退与大门组合在一条直线上，目的是加强坞门处的防守。阙顶一般高于大门屋顶和两边院墙，仍保持双阙对峙的传统构图。

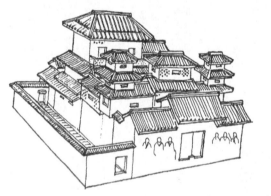
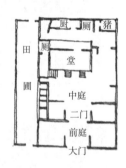

◇ 图 4-22　河南淮阳县于庄东汉墓陶坞堡

### 2. 形态样式的解读

如表 4-4 所示为若干个保存完整、能反映当时建筑形制的汉代建筑明器，以及从这些建筑明器中抽取的形态样式符号。

---

① 萧默 . 中国建筑艺术史，北京：文物出版社，1999.

表 4-4　部分明器中提取的形态样式符号

| 明器 | 特征描述 | 抽取的符号 | | |
|---|---|---|---|---|
|  | ①悬山顶；屋脊有脊饰；②直棂窗 | | | |
|  | ①四阿顶，正脊短小；②多层出挑斗栱 | | | |
|  | ①四阿顶；②直棂窗 | | | |
|  | ①四阿顶，正脊中间有脊饰；②攒尖顶；③多层出挑斗栱 | | | |
|  | ① 四阿顶，有脊饰；②菱形窗 | | | |
|  | ①四阿顶；②一斗三升斗栱 | | | |

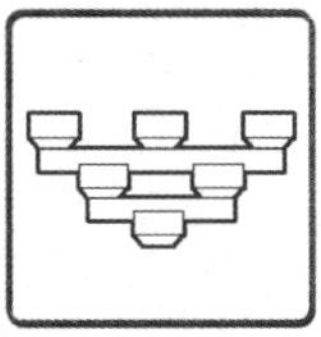

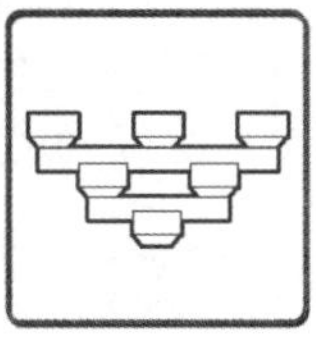

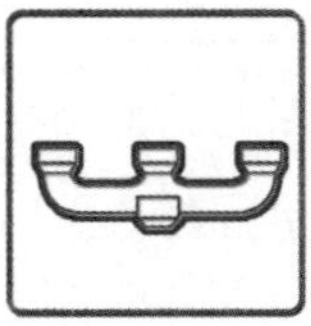

第四章　基于符号论的汉代建筑诠释

以上述方式，对更多的建筑明器进行考察和分析，可以得到如表4-5所示的形态传承因子及其符号表达的汇总。

表4-5　明器中的形态传承因子及其符号表达

| 名称 | | 传承因子 | 符号表达 |
|---|---|---|---|
| 屋顶 | 形式 | ①四阿顶（屋脊有长有短）；②悬山顶；③攒尖顶 | |
| | 斗栱 | ①一斗二升；②一斗三升 | |
| 墙身 | 墙体 | ①上小下大的收分形式；②中间有木梁木柱加固 | |
| | 柱子 | ①直柱（圆柱或方柱）；②有收分的柱；③八角柱 | |
| | 门 | 铺首衔环的双开门 | |
| | 窗 | ①直棂窗；②菱形窗；③锁纹窗 | |
| 台基 | | 覆斗形台基 | |

### 4.3.4 建筑画像砖石中提取的特征和符号

#### 1. 作为建筑表现的画像砖石

画像砖石描绘了较为直观的汉代建筑形象，从建筑在画像砖石中的存在形式来看，可以分为两种。一种是以描绘建筑及建筑群为主题的。如图 4-23 所示是反映汉代地主宅院的画像石，画面以描绘建筑为主，是相对较为独立的院落式宅院，反映了安全生活需要、防御性和娱乐性相结合的住宅形式。还有一种并非以建筑为主要描绘对象，但其中附带画了一些建筑形象。为了相对真实地表现故事的背景，就免不了要描绘人们生活中离不开的建筑形象。这些建筑图像与自然的山水环境一起，综合地表达了汉代建筑空间的特性（见图 4-24）。

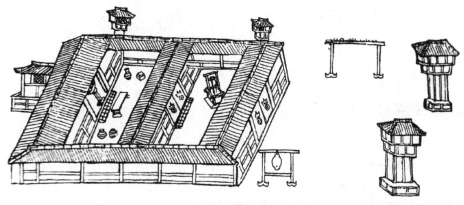

◇ 图 4-23　沂南汉画像石墓所刻祠庙或宅第

汉画像砖石中描绘的建筑，并非是完全的现实的写照，其细节与现实的建筑肯定有出入。汉代张衡（公元 78—139 年）(《后汉书·张衡传》)说："画工恶画犬马，而好作鬼魅，诚以实事难形，而虚伪不穷也。"从这段话可知，汉代艺术家要求绘画具有写实的特点。但汉代绘画毕竟还处于"实事难形"的稚拙阶段。那么，应该从怎样的角度来解读建筑画像砖石呢？

汉画像石中的画面是三维立体空间的二维表现，是静态的画面表现了变幻的时空内容，其所表现的汉代单个或群体建筑形象，必然是实际存在的建筑院落空间的抽象。一幅建筑画像砖石中首先有画家的建筑观，然后，我们后人读取画中表达的建筑意象。另外，建筑画像砖石也能作为空间的意象来解读。可以看成是

第四章　基于符号论的汉代建筑诠释

◇ 图4-24 表现生活和建筑的画像砖石

画家和观画者之间的意象或信息的传递。假如注视这样的传递功能，就可从画中读取画家对建筑的思考和表达。这样，从写实性和精确性而言，汉画像砖石虽然不是建筑遗迹，但能展开很多基于符号论的建筑诠释。

我们在考察汉画像砖石时，应遵循汉代各种艺术共有的规律，从"一点（或散点、多点）透视"的角度，即从三维空间场景的角度出发。例如，对徐州地区汉画像石，就时空问题一般常做几种处理：其一，采用叠格的方法将同一时间的不同场景用分格的方法表现出来，是现在连环画的雏形；其二，在同一画面，根据空间的小道具（如房屋、树木、车马等）来表现不同时空中相关的故事；其三，为表现物的动态和过程，使人物或动物头部或身体相叠。[1]

---

① 杜国浩.生活：现实主义艺术创作的源泉.艺术百家，2007，3.

汉风建筑de诠释与重构

在认识一般大幅的汉代建筑画像石时，一般应本着"由下而上、由右向左、从局部到块体"的顺序，应认识到"局部与块体相连，块体与整体统一"的原则。且还要综合联系汉时的生活习俗、思想哲学观念、社会经济发展、建筑技术水平、遗留至今的古代文献，特别更要联系当前的考古发现等各个方面。[①]

画像砖石描绘内容的精确性往往并不能对应现实的社会。画像砖石是描绘者在前前后后观察之后，从某种意向出发，选择必要的形式，引用一些要素，再进行重组的人为制作。但这种选择、引用和再制作，是描绘者在某种意图下进行的。因此，解读画像砖石可以看成是描绘者和观赏者的意象或信息的传递。我们对画像砖石的解读会更多地变成诠释选择、引用和再构成的法则，即图中表象的符号和文法。

### 2. 布局样式解读

从各种公开发表的画像砖石资料中，选取其描绘内容与建筑布局密切相关的、具有一定代表性的资料，来考察这些画像砖石所反映的汉代建筑布局特征。研究资料表明，东汉庭院往往以墙四周围合，内部以回廊分隔东西院落，一主一辅，主院设置中心建筑，且多数情况下，大门与中心建筑处于同一轴线。整个庭院空间布置错落有致，院内又往往设置望楼，高低成趣。[②]府第迎街建筑分布主次分明，又于建筑周围种植多种树木，和谐相应。在较富庶的府第中，形制相异的楼阁成组排列，整齐而不失生气，突出一种繁华的庭院景象。[②]总体来说，庭院建筑呈中心突出、恢宏大方的状态，院落布置简洁有力。各院落功能相异，主次与功用分明，而不同地区所发现的考古材料也勾勒出庭院建筑所具有的浓郁地方特色。[②]双重或多重院落是当时较为流行的建筑形式，庭院布局的技术性与艺术性较前代也都有巨大飞跃。表4-6所示的是从部分画像传中提取的布局特征和符号。

① 周学鹰. 对一幅"汉代建筑画像石"的重新释读（之二）——从三维空间角度. 华中建筑，2002，1.

② 俞伟超，信立祥. 东汉. 中国书像砖全集. 成都：四川美术出版社，2006.

表 4-6　画像砖石中提取的布局特征和符号

| 画像砖石 | 布局示意图 | 传承因子 | 符号表达 |
|---|---|---|---|
|  | 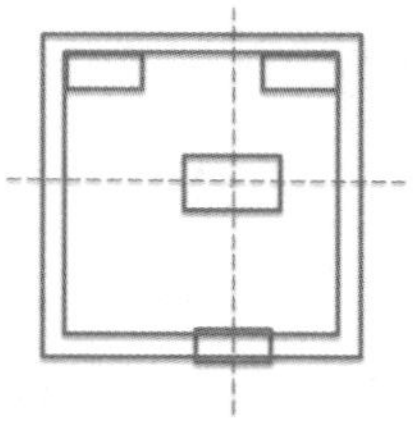 | ①纵向轴线，依次布置门、庭、堂；②院墙围合 | 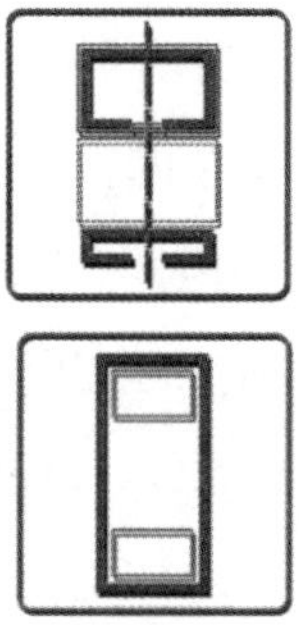 |
|  | 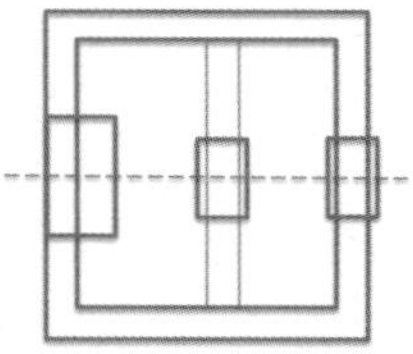 | ①中轴对称，前后两院；②回廊围合 | 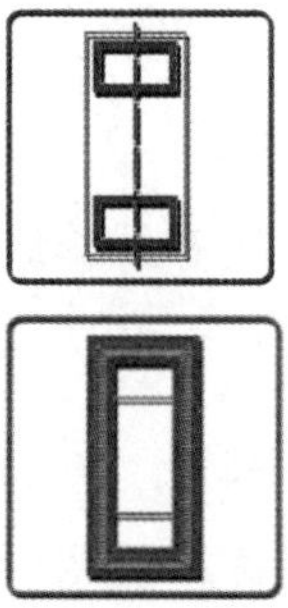 |
|  | 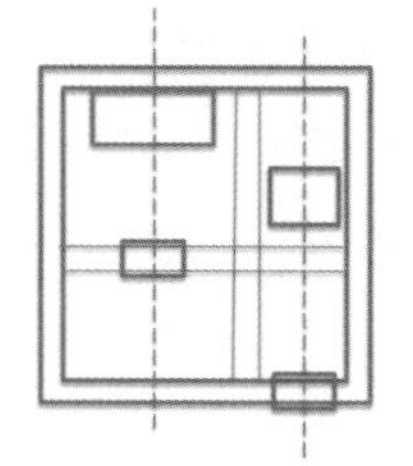 | ①东西两区，分主次轴；②前后两院 | 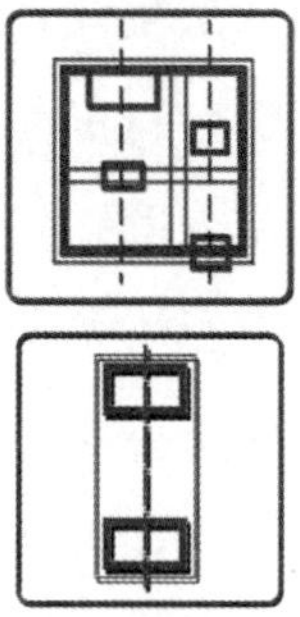 |
|  | 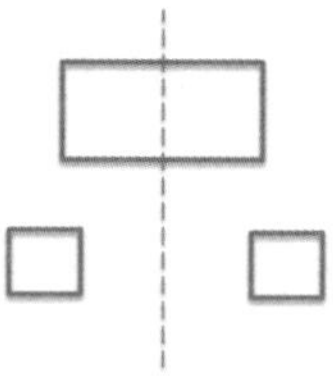 | 主体建筑前设阙 |  |

汉风建筑
de筑
诠释与重构

### 3. 形态样式解读

表 4-7 所示的是从画像砖石中提取的形态特征和符号。

表 4-7　画像砖石中提取的形态特征和符号

| | | 画像砖 | 特征概述 | 符号表达 |
|---|---|---|---|---|
| 屋顶 | 屋脊 |  | 四阿顶，正脊短而直，中间有脊饰，脊端起翘 |  |
| | 斗栱 |  | ①一斗二升；②多层斗栱 | 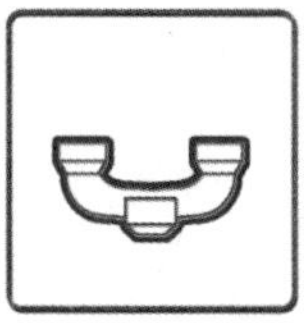 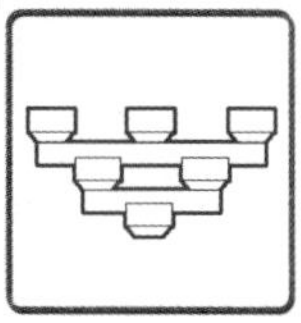 |
| 墙身 | 墙体 |  | 墙身木骨泥墙，有木构架支撑，即为壁带 |  |
| | 门 |  | 双开门，大门左右各有铺首衔环 |  |
| | 窗 |   | ①直楞窗（横向、纵向）；②锁纹窗 |   |
| | 台基 |   | ①高台；②杆阑式架空 |   |

155

第四章　基于符号论的汉代建筑诠释

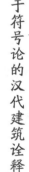

# 4.4　装饰和色彩的特征

建筑装饰和色彩起源于材料保护和建筑审美的双重因素。从汉代遗留下来的某些建筑部件（如瓦当）、间接证物（如画像砖石、建筑明器等），仍可得到不少关于汉代建筑装饰和色彩的资料。

## 4.4.1　装饰特征

汉代装饰的题材可分为人物、动物、植物、文字、几何纹和云气等。如图 4-25 是从画像砖石中提取的富有特征性的装饰纹样。

◇ 图 4-25　汉代画像砖石中的装饰纹样

汉代遗留的大量陶制瓦当中的各种神兽、纹样，能直接反映当时民众常用的装饰图案。瓦当的装饰图案种类丰富，主要有图像纹瓦当、图案纹瓦当和文字纹瓦当。图像纹主要表现为龙纹、蟾蜍玉兔纹、青龙纹、白虎纹、朱雀纹、玄武纹。图案纹以卷云纹、羊角云纹为多。文字纹瓦当主要有一字瓦当、二字瓦当、四字瓦当、十字瓦当。汉初，正体为篆书，俗体为秦隶。后来隶书兴起，取代篆书成为正体。汉代瓦当中的字体多是篆书，也有部分隶书瓦当。表 4-8 所示为三种主要瓦当的装饰。

### 表 4-8  汉代出土的三种类型瓦当

| | 龙纹瓦当 | 蟾蜍玉兔纹瓦当 | 白虎纹瓦当 | 朱雀纹瓦当 |
|---|---|---|---|---|
| 图像纹瓦当 | | | | |
| | 卷云纹瓦当 | 羊角形云纹瓦当 | | |
| 图案纹瓦当 | | | | |
| | 一字瓦当 | 二字瓦当 | 四字瓦当 | 十字瓦当 |
| 文字瓦当 | | | | |

## 4.4.2  色彩特征

楚汉时期的文字记载提供了较为可靠的服饰色彩参考。例如，"天子衣青衣，乘苍龙，服苍玉，建青旗，食麦与羊，服八风水，爨其燧火。东宫御女青色，衣青采，鼓琴瑟，其兵矛，其畜羊，朝于青阳左个，以出春令。"——《淮南子·时则训》，以及"其土则丹青赭垩，雌黄白附，锡碧金银，众色炫燿，照烂龙鳞"等记载，表达了汉代的服饰色彩。

建筑色彩本来是为了保护木材不受潮湿，但后来演变成了等级的象征和装饰的内容。原来周代宫殿和官署都涂成红色，后来红色在等级上退居黄色之后，黄色就成了许多宫殿涂色的首选。在汉代，重要宫殿的斗栱、梁架、天花施彩绘。墙壁用青紫或绘有壁画，雕花的地砖和屋顶瓦件等也都因材施色。根据考古资料，汉代的宫殿、寺院等建筑采用了严格的左右对称的表现技法，显示着权力，象征着威力。建筑色彩则较多采用了灰色来增加形式的庄严以及气氛的壮丽。这样，色彩与形式结合在一起，通过光线的引入，就能够产生精神上的表现力。其典型色彩见表4-9。

第四章  基于符号论的汉代建筑诠释

表 4-9　建筑色彩中的传承因子

| 名称 | | 传承因子 |
|---|---|---|
| 墙壁 | 墙身 | 多用白色或淡青色粉刷 |
| | | 等级高的建筑中墙面用锦绣遮挂，再以金钉、珠玉为饰 |
| | 柱子 | 多涂以朱、紫 |
| 地面 | | 宫中庭院地面常涂以朱丹 |
| | | 殿中地面涂黑漆 |
| | | 帝后居室也有施青色的 |

# 4.5　基于符号论的样式汇总和诠释

## 4.5.1　布局样式的汇总和诠释

汉代建筑群体布局强调采用院落组合方式，常见的组合是将单体建筑沿院落周边布置，所有建筑都内向，其中坐北朝南的一座最大最高，是构图主体。汉代建筑的平面布局除了中国古代建筑共有的以中轴线的手法对宫殿建筑群、礼制建筑群以及院落空间进行布局和组合以外，还具有以下特性。

首先，重要建筑入口前均设阙。汉阙多数成双，位于通向宫殿、庙宇或陵墓的大道入口处的两侧。

其次，建筑平面组合形式多样，讲究总体布局的均衡和体量大小的对比，组群的轮廓线生动而丰富。考古挖掘的汉墓平面中，最有代表性的是十字形和品字形平面。而出土明器中的大多数住宅为单层长方形平面，正面开门。有些住宅组合成曲尺形，即由两幢长方形住宅成直角连接在一起，其余两边用围墙围合，形成院落。广州出土的汉墓明器，有干栏式住宅、日字形住宅、拐角形住宅和三合院住宅等布局方式。

最后，西汉末年王莽托古改制而建的明堂，事实上成了后世各代明堂和其他高规格宫室建筑设计的一个基本原则。明堂之制自西周始广，在中国传统建筑中是等级最高的一种礼制建筑。其布局是将主体放在院落正中，势态向四面扩张，而且周边四面围合。

综合上述地上遗存和地下遗存中的布局特性和共性，提取汉代建筑布局中的传承因子，其符号表达见表4-10。

表4-10　建筑布局的符号表达汇总表

<table>
<tr><td rowspan="9">建<br>筑<br>布<br>局<br>中<br>的<br>符<br>号</td><td rowspan="2">轴<br>线<br>类<br>型</td><td>十字形轴线</td><td>一字形轴线</td><td>鱼骨形轴线</td><td></td><td></td></tr>
<tr><td></td><td></td><td></td><td></td><td></td></tr>
<tr><td rowspan="2">空<br>间<br>组<br>织<br>特<br>征</td><td>主入口前设阙</td><td>明堂辟雍格局</td><td>随形就势</td><td>东西两区，前<br>后两院</td><td>依次布置<br>门庭堂</td></tr>
<tr><td></td><td></td><td></td><td></td><td></td></tr>
<tr><td rowspan="2">围<br>合<br>方<br>式</td><td>院墙围合</td><td>水体围合</td><td>回廊围合</td><td></td><td></td></tr>
<tr><td></td><td></td><td></td><td></td><td></td></tr>
</table>

如表4-10所示，在轴线处理上，一字形轴线和鱼骨形轴线强调纵向轴线，可按需要沿纵轴组成一系列层层串联的院子，或再左右毗连其他院子，适应性极强，使用最为广泛。十字形轴线的纵横两条轴线基本处于同等重要地位，呈十字形，不再扩展，纪念性很强，也有没有始终如一贯通全局的轴线，或多有转折、错位的轴线，或只有局部的轴线，或甚至没有轴线的建筑布局，宜于造成自由活泼的气氛，多用在园林中。

上述布局符号反映的汉代建筑艺术的精神内涵，可以归纳为以下两种。

（1）巍峨壮美：中轴对称，层级递进，主入口前设置门阙等符号反映的正是汉代宫殿和礼制建筑巍峨壮美的内涵。

（2）随形就势：汉代建筑注重与环境的关系，布局根据地势情况避让山谷，环绕水系，真正做到与环境相协调。

第四章　基于符号论的汉代建筑诠释

### 4.5.2 形态样式的汇总和诠释

#### 1. 屋顶要素

形式：可见的屋顶形式有五种，包括四阿（清称庑殿）、九脊（清称歇山）、不厦两头（清称悬山）、硬山和攒尖。其中，四阿、不厦两头和硬山常见于画像砖石及明器中，攒尖多见于望楼之顶，九脊则较少见（存有纽约博物院藏明器一例，是由不厦两头四周绕以腰檐合成。两者之间成阶级形，与后世的前后合成一坡有所不同）。[1]屋顶的重檐形制能在画像砖石中看到；实例有前述的雅安高颐阙等。汉代四阿顶的形式特征是屋脊长度短，屋面多直坡而下，檐口、屋脊多为直线。

屋饰：屋顶两坡相交的缝隙都用脊覆盖；脊大多平直，脊端用瓦当相叠为装饰，有翘起和伸出等形式。常见屋脊有鸱吻尾状装饰，但还未出现脊端的鸱尾装饰。瓦有筒瓦、板瓦两种。汉瓦无釉，但有涂石灰的着色方法。瓦当以圆形为多，偶尔也有半圆形。

斗栱：汉代已经普遍使用斗栱，斗栱实物遗存见于崖墓、石阙及石室等。建筑明器中出现斗栱的情况很多，最常见的形式是一斗二升、一斗三升。画像砖石中所见斗栱大多程式化，但基本单位清晰可见，主要组合有一斗二升或一斗三升，有单栱也有重栱。

#### 2. 墙身要素

柱及柱础：柱子形状有八角、圆形和方形等。如图 4-26 所示为汉代的各种石柱。在石雕、石屋等实物中的柱子多肥短粗壮，柱高和柱径的比例都与现存明清实物木柱有较大差距。柱都比较粗短，高的柱高为柱径的 3.36 倍，短的仅为 1.4 倍。柱上有斗栱，柱下的础石大多为方形。

出土画像砖石中也有描绘的柱子，一般为上有斗、下有础的圆柱或八角柱。这类柱比较修长，柱高一般为柱径的五六倍。但因是画像石砖中描绘的柱，难以判断是方是圆，而且柱身有直柱和有显著收分两种。

门窗：门的实物遗存只有墓门。例如，彭山墓门的门框都为方头，其上及两

---

① 陶成前. 屋顶——建筑实体要素的技术与艺术分析. 合肥工业大学硕士学位论文, 2004.

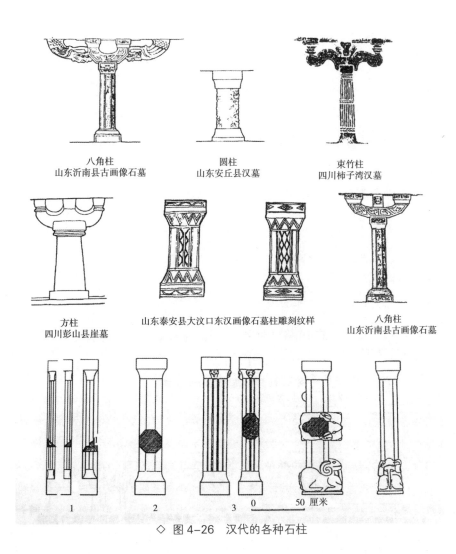

八角柱
山东沂南县古画像石墓

圆柱
山东安丘县汉墓

束竹柱
四川柿子湾汉墓

方柱
四川彭山县崖墓

山东泰安县大汶口东汉画像石墓柱雕刻纹样

八角柱
山东沂南县古画像石墓

1　　　2　　　3　　　0　　　　　50 厘米

◇ 图4-26　汉代的各种石柱

侧都起线两层。也有出土的石门扇，因受到石材的限制而显得厚而短。在徐州汉画像砖中可以看到，汉代建筑的门多为板门，门一般为两扇，门扇上有兽面衔环。函谷关东门的画像石在门的两侧有腰枋和余塞板，门扉双合，扉上各有铺首衔环。由此可见，明清常见的门制在汉代就大体形成了。

彭山崖墓中有唯一的一处窗实例，窗棂为垂直密列的直棂。建筑明器中看到的窗以长方形为多，偶尔也有圆形或其他形状；窗棂以斜方格为最普通。汉画像砖中的窗格有多种式样，如直棂、卧棂，也有斜格和锁纹复杂的花纹。门侧开方窗，有时门上设置横窗一列，有时左右山墙上设置方形、圆形、三角形和桃形窗。

第四章　基于符号论的汉代建筑诠释

## 3. 台基要素

西汉还没形成大体量建筑空间的处理技术，台基往往很高以形成大体量建筑。据文献记载，在未央宫前殿，"疏龙首山以为殿台"，"重轩三阶"。东汉时，台基逐渐降低，但个别高台建筑的台基也有几米高。台基多为夯土夯实，外包花纹砖。在画像砖石中，厅堂及阙下亦多有台基，用矮柱以承阶面，柱与柱之间刻水平横线，以表示砖缝。

汇总和筛选地上遗存和地下遗存中形态样式的传承因子，其符号表达见表4-11。

### 表4-11　形态样式的符号表达汇总表

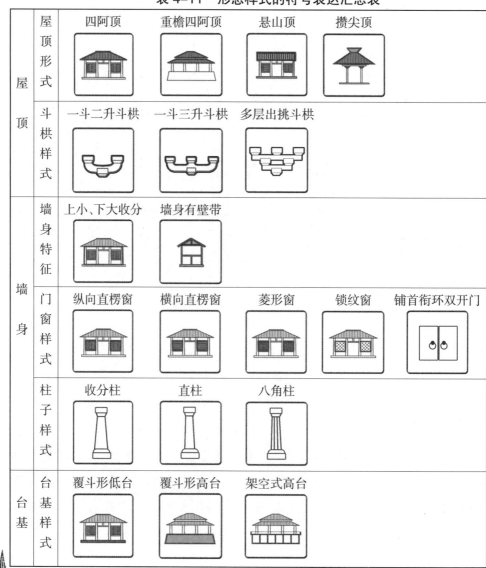

表 4-11 中的形态样式符号反映了以下四种精神内涵。

（1）大气磅礴：屋面出檐深远，夯土台基高大宏伟，体现了大气磅礴的汉代建筑精神。

（2）厚重庄严：礼制建筑和宫殿建筑中高大的台基、厚重的墙体、带铺首衔环的大门都能体现汉代建筑的厚重庄严。

（3）端庄浑厚：注重整体比例协调，体现端庄浑厚的建筑精神。

（4）刚劲有力：四阿顶屋脊短直，柱子比例粗壮，体现汉代建筑的刚劲有力。

## 参考文献

［英］G.勃罗德彭特著．符号、象征与建筑．乐民成译．北京：中国建筑工业出版社，1991.

曹劲．先秦两汉岭南建筑研究．北京：科学出版社，2009.

曹云钢，张旖旎．对汉代建筑明器中屋顶特征形式的初探．山西建筑，2007，11.

董黎．论建筑符号学在建筑设计中的意义及运用．武汉理工大学硕士学位论文，2007.

杜蔼恒．建筑符号学与中国传统园林．中国科技博览，2010，25.

杜国浩．生活：现实主义艺术创作的源泉．艺术百家，2007，3.

郭俊杰．建筑·语言——浅析建筑符号学和空间句法的研究与应用．天津大学硕士学位论文，2007.

河南博物院编．河南出土汉代建筑明器．郑州：大象出版社，2002.

洪娟．《淮南子》对汉代绘画艺术的影响．衡水学院学报，2011，13(3).

胡恬．基于传统符号的中国现代地域建筑研究．长安大学硕士学位论文，2009.

姜波．汉唐都城礼制建筑研究．北京：文物出版社，2003.

姜娓娓．与两汉文化相关的当代建筑创作．华中建筑，2004，3.

李冰．论建筑符号学．人力资源管理，2010，6.

李光．试论建筑作为符号的地域性意义．建筑技术及设计，2006，6.

李黎．《淮南子》美学思想研究——天人合一"四象"分析．首都师范大学硕士

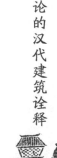

学位论文，2008.

李敏．汉代建筑形式对古风建筑设计的启示和借鉴．西安建筑科技大学学报：自然科学版，2000，3.

李幼蒸．理论符号学导论．北京：中国人民大学出版社，2007.

梁思成．图像中国建筑史．天津：百花文艺出版社，2001.

刘灏．汉阙的建筑艺术特点及精神性功能．文物世界，2011，2.

刘临安．从汉代明器看建筑斗栱的特征．建筑师，2008，1.

罗兰·巴特著．符号学原理．李幼蒸译．北京：中国人民大学出版社，2008.

刘叙杰．中国古代建筑史（第一卷）．北京：中国建筑工业出版社，2003.

萧默．中国建筑艺术史．北京：文物出版社，1999.

秦亮泰．古建筑柱础石的演变与分期特点．文物世界，2006，6.

孙机．汉代物质文化资料图说．上海：上海古籍出版社，2008.

孙亮．建筑符号学及其批判．山西建筑，2004，8.

王春艳．图式与营造——解读汉画像石的构图和空间表现．美术研究，2009，3.

王洪震．汉画像石．北京：新世界出版社，2011.

王洁．试论古代绘画中建筑的解读方法——以敦煌壁画和《清明上河图》为例．敦煌研究，2004，5.

王子今．秦汉时期生态环境研究．北京：北京大学出版社，2007.

巫鸿著．武梁祠——中国古代画像艺术的思想性．柳扬，岑河译．北京：生活·读书·新知三联书店，2006.

吴耀华．谈建筑符号学．山西建筑，2004，12.

向玉成．乐山崖墓所见汉代岷江中游地区建筑形制略考．四川文物，2003，6.

杨育彬．两汉考古又结硕果——《河南出土汉代建筑明器》读后．华夏考古，2003，4.

余婷．建筑符号学理论下的商业步行街设计．合肥工业大学硕士学位论文，2009.

张伯扬．仿汉朝建筑的探索：新建项王故居纪念室设计浅谈．中外建筑，2000，4.

章雷．浅析建筑符号学中建筑深层结构的规律．山西建筑，2004，18.

赵林娟．符号研究的文化维度．黑龙江大学硕士学位论文，2010.

周俊玲．建筑明器美学论．西安美术学院博士学位论文，2009.

周学鹰.对一幅"汉代建筑画像石"的重新释读(之二)——从三维空间的角度.华中建筑，2002，1.

周学鹰.汉代建筑明器探源.中原文物，2003，3.

周学鹰.解读画像砖石中的汉代文化.北京：中华书局，2005.

周学鹰，田晓东.对几幅徐州地区"汉代建筑画像石"的重新释读.中国矿业大学学报：社会科学版，2002，2.

朱青生.中国汉画研究.桂林：广西师范大学出版社，2010.

朱文一.空间·符号·城市——一种城市设计理论.北京：中国建筑工业出版社，2010.

165

第四章　基于符号论的汉代建筑诠释

# 下 篇

## 应用：汉文化在淮南城市建设中的传承和重构

# 第五章
# 淮南汉文化资源与城市风貌特色营建策略

为了探讨如何在淮南营建富有汉文化内涵的地域建筑，本章将从淮南市的城市风貌调查入手，挖掘淮南的汉文化资源，并在此基础上提出营建淮南城市风貌特色的策略。

## 5.1 淮南城市风貌的调查

### 5.1.1 淮南概况

淮南，素有"楚风汉韵，能源之都"之称。

淮南市位于长江三角洲腹地，安徽省中北部，淮河中游 ( 见图 5-1)。淮南是沿淮城市群的重要节点，是合肥经济圈带动沿淮、辐射皖北的中心城市及门户；

◇ 图 5-1 淮南市的地理位置

是中国能源之都、华东工业粮仓、安徽省重要的工业城市、安徽省 2 个拥有地方立法权的城市之一。淮南市辖 6 区 1 县，47 个乡镇，19 个街道，186 个社区居民委员会和 606 个村民委员会。6 区 1 县为大通区、田家庵区、谢家集区、八公山区、潘集区、毛集区和凤台县，其中毛集区为社会发展综合实验区。全市总面积 为 2585 平方公里。城市建成区面积 115 平方公里。2011 年全市户籍人口 245.6 万人，常住人口 233 万人。

### 1. 历史厚重、源远流长

古老的淮南大地，历史上发生过诸多重大事件，涌现过诸多英雄豪杰，演绎过诸多慷慨悲歌！这些重大历史事件的发生所产生的遗迹，至今仍然存在，昭示着淮南曾经拥有的光辉灿烂的历史文化。古寿州窑遗址、淝水之战古战场、古茅仙道观、古生物化石、古墓群、八公山豆腐 "五古一珍" 驰名中外，它们缔造了 "色比土酥净，香逾石髓坚" 的豆腐文化，书写了 "牢笼天地、博极古今" 的《淮南子》文化，舞红了 "东方芭蕾、淮畔幽兰" 的花鼓灯艺术，催生了 "城市名片、文化使者" 的少儿舞蹈艺术。淮南是一座历史悠久、人文荟萃、积淀丰厚的文化之城。

### 2. 资源富集、能源之都

淮南资源富集、优势鲜明。"走千走万，不如淮河两岸"。淮南地上是淮河流域粮食生产主体功能区之一，素有 "淮河粮仓" 美誉。地下遍地是 "乌金"。淮南煤炭探明储量 153 亿吨，远景储量 444 亿吨，占安徽省的 71%，目前建成安全高效矿井 16 对，年产原煤 8000 万吨左右；现有 7 大火力发电厂，装机容量 867 万千瓦，年发电量 463 亿千瓦时。淮南是国家 13 个亿吨煤基地和 6 个煤电基地之一。这里将建成安徽省重要的现代煤化工基地、煤机装备制造业基地、生物医药及高新技术产业基地。

### 3. 区位优越、交通便捷

淮南素有 "中州咽喉，江南屏障" 之称，处于南北气候的分界线和东西部经济的过渡带。铁路东联京沪线、西接京九线，京福高铁淮南段已建成通车，规划中的商杭高铁也将经过淮南；境内有京台、合淮阜高速公路和淮蚌高速公路，且即将建设淮滁高速；淮南距建设中的合肥新桥机场仅 70 公里。千里淮河穿行淮南市 87 公里。淮南通江达海，3000 万吨淮南港、新淮河大桥及淮河隧道规划建

设也加快推进，将通过"江淮运河"，联通淮河与长江水系。

#### 4. 风景秀丽、淮上明珠

淮南风貌独特、环境优美。境内有三山三水，"三山"分别是八公山、舜耕山和上窑山，"三水"分别是淮河、瓦埠湖和高塘湖。八公山景色优美，位于淮南市的西部城区，具有文化山、英雄山、生命山和生态山的深厚文化底蕴。舜耕山位于淮南市东部城区，因传说中的上古贤君大舜在此倡导农耕，亲自躬耕而得名。上窑山位于淮南市东部，是淮南市近郊的一颗绿色明珠。淮河位于淮南市的北部，与东部城区的发展密切相连。瓦埠湖位于淮南市与寿县之间，属于东淝河的中游，因临古镇瓦埠得名。高塘湖位于城市的东部，流域平面形状呈扇形，现状水域功能以水产养殖为主。

### 5.1.2 主要风景名胜

淮南市地处东经 116° 21′～117° 12′ 与北纬 32° 30′～33° 01′ 之间，处于亚热带与暖温带的过渡地带。其主要气候特征为春温多变，夏雨集中，秋高气爽，冬季干冷，季节显著，四季分明。其优越的山水环境形成了淮南的著名风景区，以下介绍几个有代表性的景点。

#### 1. 八公胜境

八公山是集游览、观光、休闲、人文历史和地质地貌为一体的综合型风景旅游区，是国家 4A 级旅游景区、国家森林公园、国家地质公园（见图 5-2）。景区内大小 40 余座山峰起伏叠嶂，苍松叠翠，雄奇灵秀，淮河流经群山之北，曲折环绕而东下。1600 年前的淝水之战，便发生于此，留下了八公山下"草木皆兵、风声鹤唳"的典故；2000 多年前，淮南王刘安在此招贤纳士，讲经论道，编著了一代名篇《淮南子》，第一次完整地记录了二十四节气，发明了千古美食豆腐；在八公山发现的"淮南虫"化石是迄今为止世界上发现最早的古生物化石，被国际地质学界誉为"蓝色星球"上的生命之源。八公山神秀，自古诸多骚人墨客争趋而至，刘安、李白、苏轼、欧阳修、刘禹锡、吴均、韦应物的足迹均踏过八公山，并留下了不少脍炙人口的篇章。

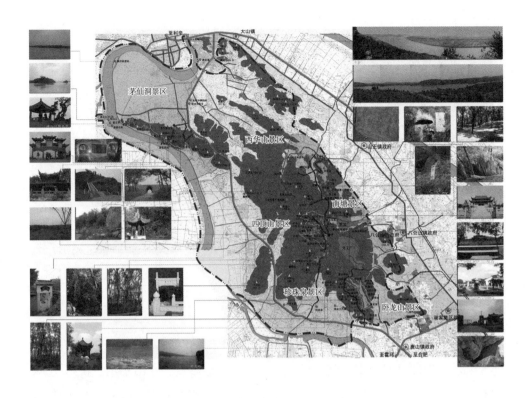

◇ 图5-2　八公山旅游景区规划图

### 2.上窑森林公园

上窑森林公园位于淮南市东部，境内有大小山峦30多座，总面积10.4平方千米，森林覆盖率87.9%，是淮南市近郊的一颗绿色明珠（见图5-3）。上窑森林公园是一处集生态旅游、人文景观、宗教活动、度假休闲、科普教育为一体

◇ 图5-3　上窑山麓

汉风建筑
de
诠释与重构

的多功能景区（见图5-4）。上窑森林公园内有见诸史志的上窑八景：奇峰障日、银杏参云、峭壁摩天、仙桃隐雾、仙人留迹、王母遗踪、桥落长虹、岩开斗石。2009年，上窑森林公园被评定为国家4A级旅游区。

◇ 图5-4　上窑森林公园

### 3. 舜耕凭栏

舜耕山因相传上古贤君大舜在此倡导农耕，亲自躬耕而得名。舜耕山峰峦起伏，泉涌林茂，风光秀丽，自然和人文资源丰富，地形复杂，石、泉、洞、湖景色各异（见图5-5）。舜耕山泉眼丰富，或积水成潭，或流水潺潺，或泉涌阵阵。如山中的老佛洞，洞深不见底，据传与30公里外的凤台茅仙洞相通，古人称此洞为"淮南第一洞"。

◇ 图5-5（1）　近观舜耕山景色

◇ 图 5-5（2） 远眺舜耕山景色

#### 4. 茅仙洞

茅仙洞坐落在双峰山之阳，古称三峰山。远在西汉时期，茅氏三兄弟曾在此出家修道。茅仙洞是安徽三大重点宫观之一、省级重点文物保护单位。茅仙洞景区由真洞、三茅殿、清天观和硖石寺（香山寺）等主要景点组成（见图5-6）。它自古就是淮上佛、道两教传习胜地，更是游览佳境。其中，真洞坐落在双峰山南崖峭壁上，是一个天然石洞。洞上筑有三茅殿，殿中供奉三茅真君塑像。

◇ 图 5-6（1） 茅仙洞景区

◇ 图 5-6（2） 茅仙洞景区之真洞

### 5. 硖石晴岚

滔滔淮水东流,遇八公山阻挡,在此折回倒流,将硖石劈为两半,夺路而下,这就是淮河第一峡——硖山口,相传是大禹治水时开凿的山峡。该区域又是古代据险屯兵之地,是著名的淝水之战古战场之一。站立淮水之滨,仰观石壁,却似斧削。硖石山岛上,立一凉亭,是清代复建的"慰农亭",俗称"禹王亭";亭西一株古皂角树,是硖石景点的象征。

### 6. 焦岗湖景区

焦岗湖生态旅游度假区位于淮南市毛集实验区境内,是皖北地区最大的生态湿地,有"华东白洋淀"之称(见图5-7)。湖内水生生物资源丰富,有万亩芦苇荡、

◇ 图5-7 焦岗湖生态湿地

第五章 淮南汉文化资源与城市风貌特色营建策略

千亩荷花淀，且盛产鳜鱼、青虾、河蟹、斑点叉尾鮰、野鸭、章鸡、芡实、红莲和青菱等。焦岗湖旅游资源独具特色，数千年淮河民俗文化、东方芭蕾——花鼓灯、华东地区最大的芦苇荡、独具特色的水上渔村及鲜美丰盛的渔家美食，都让人流连忘返、回味无穷。焦岗湖景区还拥有众多美丽传说，如"神莲"、"神船"、"黑龙遭难"和"赵匡胤困南唐"等美丽传说，堪称"养在深闺人未识"的生态旅游处女地。

### 7. 龙湖泛舟

龙湖公园位于淮南市田家庵区，如图5-8所示是龙湖公园的鸟瞰图。可见龙湖公园水面开阔，设施齐全，景点较多，园中有园，是淮南市目前开放最早、设施完备的公园。该园始建于1957年，于1980年10月1日正式对外开放。龙湖公园水面分南、北两湖，面积30.5公顷。南湖为划船区，湖中有四岛。景区依湖自然形成三大部分，东部为游乐区，西部以盆景园为中心，南部设立了游乐服

◇ 图5-8　龙湖公园鸟瞰图

务设施。湖光闪烁、景色宜人的龙湖公园是外地游客和全市人民休闲、娱乐的好去处（见图5-9和5-10）。

### 5.1.3　历史文化特征

#### 1. 历史演变

早在新石器时代就有人类在淮南地区繁衍生息，"淮夷"人在此形成部落。在春秋战国时期，淮南是蔡楚文化的繁荣之地。两汉时期又有淮南王刘安在此潜心治国安邦。

淮南的采矿历史可上溯到清末。光绪《重修凤台县志》记载，"舜耕山产煤，旁郡邑资之者甚众，舟车连载，百里不绝。县境之三山以东，与怀远接壤者，亦渐次及之矣"。其城市演变过程见表5-1。

◇ 图 5-9　龙湖公园的滨水走廊

◇ 图 5-10　龙湖公园的喷泉

汉风建筑 de 诠释与重构

表 5-1　淮南城市演变表

| 朝代／年代 | 行政区划 | 都城／治所 |
|---|---|---|
| 夏 | 淮河中下游 | |
| | 诸侯州来辖今寿县、凤台县、淮南市一带 | 今凤台县 |
| 吴—蔡—楚 | | 凤台县—下蔡—寿春 |
| 秦 | 两淮之地、长江以南部分地区统划九江郡 | |
| 西汉 | 建淮南国，辖九江、庐山、衡山、豫章四郡，"淮南"一词首次用于行政地域名称。范围为安徽淮南以南、河南豫东、江西全省，共30平方公里 | |
| 汉文帝年间 | 将淮南国分为庐江、衡山、淮南三个小国，其中淮南辖境北至淮河，东至凤阳，南至巢县，西至河南唐河，约4平方公里 | 寿春 |
| 三国 | 九江郡改为淮南国，后改淮南郡，辖合肥、寿春、下蔡（进今凤台县）等7县 | 合肥 |
| 西晋 | 领寿春、义城、下蔡、合肥等16县，后裁去历阳（今和县）、乌江（今和县乌江镇）、阜陵（今全椒县）三县 | 寿春 |
| 东晋 | 辖于湖、芜湖两县，辖繁昌、当涂、定陵（今铜陵）、襄垣（今芜湖）等地 | |
| 隋 | 寿春、安丰、霍邱、长平（今合肥市西北）四县 | 寿春 |
| 唐 | 建置淮南道，辖扬州、和州、寿州、庐州、舒州、濠州等地，下蔡县隶属豫州，五代时为吴国地 | 扬州 |
| 北宋 | 设有淮南路，辖境南至长江、东至大海、北逾淮河，熙宁年间，淮南路分东、西两路，东路治所扬州，西路为寿州 | 扬州、寿州 |
| 南宋 | 淮南西路辖今安徽凤阳、怀远、和县以西，湖北黄陂、河南光山以东江淮南地区 | 淮南西路治所合肥后由下蔡迁回寿春 |
| 元 | 淮南地区隶属安丰路 | |
| 明 | 置原床州为中立府，后改为凤阳府，辖今安徽天长、定远、霍邱以北等地，清基本依此 | |
| 1930年 | 商办大通煤矿公司于舜耕山下，国民政府设立淮南煤矿局，并修淮南铁路 | |
| 1945年 | 田家庵、大通、九龙岗，称"淮南三镇"，今淮南东部地区基本骨架形成 | |
| 1949年 | 淮南三镇和平解放，淮南矿局直属江淮解放区，由皖北行署直接领导 | |
| 1950年 | 淮南市成立，属皖北行署管辖，1952年改安徽省辖 | |

第五章　淮南汉文化资源与城市风貌特色营建策略

## 2. "五古"文化

悠久的历史留下了丰富的历史文化遗产，"五古"文化和汉文化构成了淮南历史文化的主要特征。这里简要介绍"五古"文化，汉文化将在下一节中详细介绍。"五古"是指古生物化石、古战场、古道观、古墓葬和古窑址。

古生物化石：经测定，淮南古生物化石距今约为8.4亿年，在八公山采石场被大量发现。该化石群的出现，把地球后生动物实体化石记录向前推移了1亿年，为研究后生动物的起源和演化规律等重大的生命科学前沿问题提供了直接的科学证据。

古战场：是指在1600多年前，发生在八公山地区、因以少胜多而闻名的"淝水之战"的发生地，留下了"风声鹤唳"、"草木皆兵"等千古佳话。

古道观：是指中国最早的道观之一——清天观，又名茅仙洞。因咸阳人茅盈游历到此，爱此山水不忍离去，引兄长茅团、茅衷在山洞修炼、悟道而得名。

古墓葬：主要有春秋时期蔡国的蔡声侯墓、战国时期楚国的黄歇墓、战国中期赵国大将廉颇墓、汉代淮南王刘安墓、唐太宗李世民第十七代子李元裕太妃崔简墓等。

古窑址：是指古寿州窑的窑址。寿州窑创烧于南朝陈，停烧于唐末，兴盛长达400余年。寿州窑以中原文化为主，兼含南北方文化，并具有地方特色。古寿州窑遗址主要分布在淮南市大通区上窑镇内。1981年被公布为安徽省重点文物保护单位，2001年被公布为全国重点文物保护单位。

### 5.1.4 城市格局特色

#### 1. 行政区划的调整

由于自然地理环境、矿产资源分布和行政区划的制约，淮南市主城区的用地发展条件较弱。北部是淮河，西北是压煤区和采煤沉陷区，南部紧邻市区行政边界，东部有高压线走廊和铁路专用线，可用空间十分有限。而且，淮南城市的东西部城区之间的主要交通通道从塌陷区通过，交通安全一直受到威胁。

淮南煤炭资源丰富，但煤炭是有限的资源，淮南市必然要从传统的资源型城市向现代化的文明城市发展，将逐步形成以能源为主，工贸、科教、生态多元化的产业结构。2004年，经国务院批准，淮南市进行了行政区划调整，将合肥市长丰县北部7个乡镇划入淮南市，成为淮南市的山南新区。行政区划的调整，为淮南市主城区提供了新的发展可能性，对城市用地发展方向和城市建设用地布局产生了重大的影响。

### 2. 形成"山 – 水 – 城"之组团式城市

随着山南新区的规划建设，在城市结构和形态方面，淮南正从东西向发展的线性城市格局，突破舜耕山向南发展，形成了如图5-11所示的"三山鼎立、三水环抱、三城互动"的组团式城市格局和空间形态。

"山"是淮南的城市空间之源。西部的八公山、东部的上窑山以及中部的舜耕山，形成三山鼎立的空间格局。三山既为淮南市提供了良好的休憩场所和优美的环境，同时还承载着厚重而灿烂的历史文化。山体对于城市空间的拓展既是一种限定，也提供了有力的支撑，并为城市生态体系的健康发展提供重要依托。尤

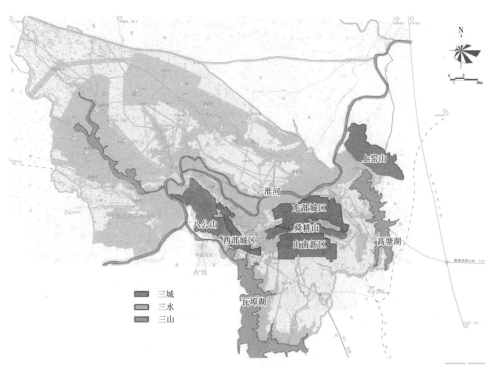

◇ 图5-11 三山 – 三水 – 三城的城市格局图

第五章 淮南汉文化资源与城市风貌特色营建策略

其是舜耕山，它位于山南新区的北端，为新区发展提供了良好的生态资源，形成了城市中心的"绿肺"和风景旅游区，丰富的自然植被和文化资源为山南新区的发展奠定了良好的基础。

"水"是淮南的城市文化之源，主要指北侧的淮河、西侧的瓦埠湖、东侧的高塘湖。这些河流和湖泊是城市的生命线，既为本地区提供工业和生活用水，又是城市生态系统的重要组成部分。在目前正大力建设的山南新区内部，现状用地中也散布着大大小小的水塘和水库，其间以自然冲刷形成的河流及人工水渠相联系。通过对现有的河渠进行利用和改造，引水入城，改善城市内部的生态环境。山南新区的发展将是一个漫长的过程，而水的引入和水体空间的塑造，将形成山南新区的特色空间。

"城"是淮南的城市活力之源。对于淮南而言，"城"和"人"的因素尤其具有重要的现实意义。以淮南厚重的文化积淀和丰富的资源禀赋为依托，淮南市在未来城市发展方向上将倾力打造"五城"，即国内一流的主体能源城、多元支撑的现代产业城、"一般史迹型"的历史文化城、全国知名的优秀旅游城、山清水秀的生态宜居城。

# 5.2　淮南的汉文化资源

## 5.2.1　淮南汉文化的渊源

### 1. 历史人物

（1）战国时期——赵国大将廉颇

"廉颇者，赵之良将也。"那么，赵国名将廉颇死后为何不葬在赵国而葬在楚国呢？

据记载，赵惠文王时，廉颇为赵国大将，率军击齐伐魏，攻城略地，屡建奇功。赵惠文王死后，其子孝成继位。几年后，廉颇在对燕国的自卫反击战中又立功，被封为信平君。孝成王死后，其子悼襄王不喜廉颇，"使乐乘代廉颇"。《史记》上说："廉颇怒，攻乐乘，乐乘走。"这一攻，廉颇就没办法再回赵国了，于是投

奔了魏国。但魏王还记着当年廉颇率军打败魏国的仇，对廉颇并不信任。廉颇将军无用武之地，倍感落寞。

楚王听说廉颇在魏国，私下里派人把他接到了楚国。但廉颇在楚国并没有建立功勋，"卒死于寿春，葬在肥陵山脚下"。寿春即现在的寿县，当时是楚国的都城，肥陵山就是现在淮南市的八公山。

（2）战国时期——春申君黄歇

春申君黄歇是战国时期楚国令伊（宰相），因礼贤下士，蓄养宾客数千，与齐国孟尝君、赵国平原君、魏国信陵君并称"战国四公子"。黄歇博文善辩，有功于楚国。楚顷襄王时，强秦预备联合韩、魏伐楚，顷襄王令黄歇入秦，说服伐楚。黄歇至秦后，上书秦昭王，以秦伐楚"犹两虎相与斗，而驽犬受益"之说，使秦昭王罢兵。

翌年，黄歇受命再次入秦，随太子赴秦做人质。顷襄王病，秦国不放太子归国，黄歇出险招让太子乔装打扮伴随使者偷偷回国，自己则留在秦国应付。待太子走远，他才见面秦王，自请其死。秦王欲赐其自杀，秦国国相应侯从中劝解，才免死遣送回国。

三个月之后，楚顷襄王死，太子即位，是为考烈王。考烈王感谢黄歇之恩，任其为相，封黄歇为令尹，号春申君，建邑寿春（今寿县），从此淮南地区成为春申君的封地。春申君为相25年，励精图治，楚国日益强大。公元前238年，黄歇葬于谢家集区李郢孜镇。

（3）西汉——淮南王刘安

汉高祖四年（公元前203年），刘邦封英布为淮南王，首置淮南国，都六（今六安），辖九江、庐江、衡山、豫章4郡。高祖十一年（公元前196年），英布获罪伏诛，改封刘长为淮南王，都寿春（今寿县）。

孝文六年（公元前174年），刘长获罪流放，死于途中。文帝改封城阳王刘喜为淮南王。孝文十六年（公元前164年），淮南国一分为三：淮南、衡山、庐江，分别封给刘长的3个儿子，长子刘安继任淮南王，都寿春。

刘安（公元前179—前122年）是汉高祖刘邦之孙，淮南厉王刘长之子。文帝八年（公元前172年），刘长被废王位，在流放中绝食而死。文帝十六年（公

元前 164 年），文帝把原来的淮南国一分为三，分别封给刘安兄弟三人，刘安以长子身份袭封为淮南王，时年 16 岁。

刘安好读书鼓琴，潜心治国安邦，著书立说。刘安爱贤若渴，礼贤下士，淮南国都寿春成了文人荟萃的文化中心。刘安的治国思想是"无为而治"，对道家思想加以改进，不循先法，不守旧章，遵循自然规律制定了一系列轻刑薄赋、鼓励生产的政策，善用人才，体恤百姓，使淮南国出现了国泰民安的景象。

刘安好黄白之术，召集道士、儒士、郎中以及江湖方术之士炼丹制药，最著名的有苏非、李尚、田由、雷被、伍被、晋昌、毛被、左吴，号称"八公"，八公山也因此而得名。八公在寿春北山（即今淮南市八公山）筑炉炼丹，偶成豆腐。刘安因此被尊为豆腐鼻祖，

尽管刘安的治国政策得到百姓的拥护，可是在那独尊儒术的时代，他所奉行的道家思想，屡遭谗言。汉武帝元狩元年（公元前 122 年），武帝以刘安"阴结宾客，拊循百姓，为叛逆事"等罪名派兵入淮南，刘安被迫自杀。

### 2. 文化遗存——《淮南子》

（1）主要内容

淮南王刘安和其众门客著成名扬千古的《淮南子》。该书内容丰富、博大精深，是西汉时期各个思想流派的一个集大成作品。《淮南子》是一部论文集，有《内篇》21 篇《外篇》33 篇《道训》2 篇，计 20 余万字。又著诗歌《淮南王赋》82 篇《群臣赋》44 篇、《淮南歌诗》4 篇、《淮南杂星子》19 卷和《淮南万毕术》。该书广泛吸收和融会了诸子百家的思想，"在老庄哲学基础上，融合儒、法、阴阳各家思想，主要倾向是道家"，内容涉及政治学、哲学、伦理学、史学、文学、经济学、物理、化学、天文、地理、农业水利和医学养生等领域，包罗万象。

《淮南子》是刘安献给西汉皇帝的书。由于刘安试图为君主献治国之策，因而书中包含许多治国思想，这些思想多为历来的研究者所关注。《淮南子》阐述的治国思想为"无为而治"，这一"无为"思想是对道家"无为"思想的扬弃，并在此基础上作了新的阐释。"无为"不是无所作为，而是因循自然之理，把道家的"无为"和儒家的进取精神相结合。其"无为"思想包含着天人合一、讲求

人与自然的和谐，这对于今天社会的发展具有重要的现实意义。[①]

《淮南子》被称为百科全书。该书中的《淮南子·淑真训》阐释了宇宙生成论，可以说是中国古代哲学的奠基之作。《淮南子·天文训》、《淮南子·地形训》记载的内容是天文地理，是中国天文学、地理学的重要史料;《淮南子·精神训》、《淮南子·览冥训》揭示了人体生理学和养生学;《淮南子·主术训》阐释治国之理;《淮南子·修务训》是教育的经典;《淮南子·齐俗训》记载的内容是民俗等等。正因为它包罗万象、博大精深，所以，《淮南子》自成书后就引起历代学者的关注。东汉许慎曾作《淮南子注》，此后，马融、延笃、卢植、高诱等对此都有研究。宋代的苏颂、清代的陶方琦等人都致力于此研究。胡适、李泽厚等人也有研究成果问世。

（2）风格特征

《淮南子》是汉初的思想集大成者,体现汉代审美变化,具有重大的时代意义。可以说,《淮南子》的思想和内容展示出汉代"宏大美"、"壮丽美"的风格特征。

首先,《淮南子》主旨深广, 形成宏大美。《淮南子》有21篇, 内容包括宇宙天地、自然万物、阴阳四季和人生政治等。该书不但挖掘事物之内蕴, 总结宇宙之规律, 还试图探寻治国之策略。其内容丰富、结构宏大, 体现了汉文化的宏大美。[②]

这是因为文学艺术反映和折射主流社会思潮。汉代国力强盛,淮南地丰国富;诸侯王生活奢侈,豢养众多门客,侃侃而谈成风,形成磅礴、宏大的写作特色,形成恢弘之美,对汉代艺术风格也有一定的导向作用。

其次, 与宏大美相因相生的是壮丽美, 两者的共同特征是恢弘博大。但宏大强调广度、规模, 壮丽彰显绚烂多彩。例如,《淮南子》的篇章和文辞展示汉代壮丽建筑及装饰华贵, 外部世界的宏伟壮丽必然被文人用以盛赞现实的壮丽, 释放心中激情。《淮南子》中有自然万物的意象美和博大美, 有天地宇宙神奇意象的奇异美, 有把汉代兴建的宫殿渲染出氛围的壮丽美。

① 陆耿. 文化典籍《淮南子》的传播及其资源开发. 中国石油大学学报 ( 社会科学版 ),2011, 6.
② 刘秀慧，邱宇 . 从《淮南子》看汉代审美风格的变化. 学术交流, 2011, 2.

汉初黄老思想为社会思潮主流，追求养生、成仙。淮南王所在地富庶，诸侯王生活奢侈，追求长寿，同时刘安要摆脱现实压抑而表现出的超然，也形成《淮南子》壮丽美的原因。汉帝国地域广阔，国力提升，汉帝国人士的精神世界与国力强盛相呼应形成的盛世情怀，体现出雄心壮志。他们满怀豪情迎接外部世界，把所思、所见全化作意象写入书中，形成宏伟广阔的历史画面，达到"究天人之际，通古今之变；成一家之言"的境界，形成现实和神异结合的壮丽。[①]

**3. 汉墓考古**

淮南境内有战国"四君子"之一春申君黄歇、赵国大将廉颇等历史人物的古墓群，还先后发掘出蔡昭侯、蔡声侯等12座古墓，发掘、征集的历史文物达千余件。20世纪60—90年代，淮南汉墓主要考古成就如下：

（1）1965年4月，由安徽省文化局文物工作队、寿县博物馆共同发掘的寿县茶庵马家古堆东汉墓，为3座规格较大的砖室墓。

（2）1972年10月，淮南市文化局在二十店庙台孜清理了一座小型土坑墓，其年代大致在建武十六年（公元40年）以后。

（3）1986年发掘的淮南市下陈村汉墓、1987年发掘的淮南汉墓为一批小型汉代墓葬，出土器物甚少。

（4）1987年在淮南双古堆清理了2座西汉时期的石椁墓，出土器物共计178件。

（5）1990年发掘的寿县东津柏家台汉墓，共清理小型的砖室墓和石室墓各一，其年代属于新莽时期。同年2月在淮南朱岗清理了一座小型石椁墓，由随葬品推测其年代大致在西汉初期。

## 5.2.2 淮南传承和发扬汉文化的实践

### 1. 豆腐文化的传承和发扬

在淮南民间流传着许多关于豆腐的故事、民谣和谚语，形成了淮南地区浓厚的豆腐文化。相传刘安被封为淮南王后，为寻找长生不老之药，广招各方道士为其炼丹，其中最有名的是苏非等八人，号称"八公"，常聚在淮南市八公山上谈仙炼丹。在炼丹的过程中，在偶然的情况下，将黄豆汁与石膏加在一起，形成了

汉风建筑de诠释与重构

① 刘秀慧，邱宇. 从《淮南子》看汉代审美风格的变化. 学术交流，2011，2.

鲜嫩细滑的豆腐。因此，淮南市八公山成为了豆腐的发源地。

◇ 图 5-12　淮南豆腐的传统制作场景

　　以后，做豆腐的方法开始传入民间，如图 5-12 所示是淮南豆腐的传统制作场景。八公山山泉清澈甘甜，周围农民利用山泉水和世代相传的豆腐制作工艺，使八公山豆腐外观细若凝脂，洁白如玉，清鲜柔嫩；豆腐托于手中晃动而不会散塌，汤中久煮而不会碎。历史上八公山豆腐曾作为朝廷贡品而名声远扬。八公山豆腐又与各种各样的人物、故事交织在一起，每道豆腐的菜名都能找到一个美丽的传说，每道豆腐菜肴都有一种独特风味（见图 5-13）。如今，淮南市每年都要举办盛大的豆腐文化节，成为淮南传承汉文化的标志之一。图 5-14 所示的是淮南市举办的中国豆腐文化节晚会的场景。

◇ 图 5-13　淮南豆腐的各种烹饪方式

第五章　淮南汉文化资源与城市风貌特色营建策略

◇ 图 5-14　淮南市举办的中国豆腐文化节晚会现场

### 2. 历史人物的宣扬

（1）建立淮南王王宫及其雕像

淮南王王宫（刘安纪念馆）于 1999年开始兴建，历经 3 年建成，坐落在八公山炼丹谷中，是淮南市为纪念西汉时期的著名思想家、文学家和中华美食豆腐始祖——淮南王刘安而建造的（见图5-15）。该建筑模仿汉代建筑风格，特色鲜明，雄伟壮观。王宫正殿塑有刘安及八公像，供中外宾客瞻仰祭拜。周边回廊内镶嵌 60 幅砖雕壁画，仿汉画艺术风格，内容主要反映淮南国兴衰、刘安的重要活动、《淮南子》所载科技成果和神话故事等。大殿后山峰上修建反映“一

◇ 图 5-15　刘安纪念馆

汉风建筑 de 诠释与重构

◇ 图 5-16　淮南火车站站前广场上的刘安雕像

◇ 图 5-17（1）　春申君陵园

◇ 图 5-17（2）　春申君陵园入口和石像生

人得道、鸡犬升天"的升仙台，增添景区的神秘气氛，引人入胜。

淮南市设有多处刘安雕像，最有影响力的是淮南市火车站站前广场上的刘安雕像（见图 5-16）。火车站是一个城市的门户，火车站给人的印象对初来乍到的旅客来说就是对淮南的第一印象；在此设置刘安雕像反映了淮南人民对淮南王刘安的敬仰，也说明汉文化是淮南人民引以为荣的。

（2）兴建春申君陵园（即黄歇墓）

春申君黄歇是战国时期著名的四君子之一。2000 年动工兴建的春申君陵园位于淮南市谢家集区李郢孜镇，占地总面积 7000 平方米。陵墓封土规模宏大，呈覆斗形，墓基长宽各近百米（见图 5-17）。

### 3. 加入汉文化旅游同盟

2007 年 10 月 28 日，"中国汉文化旅游同盟"缔结仪式暨汉文化旅游发展研讨会在徐州文化城乐府举行。来自济南、西安、太原、郑州、宝鸡、亳州、汉中、淮安、淮北、淮南、酒泉、乐山、连云港、临沂、洛阳、商丘、宿迁、宿州、咸阳、扬州、枣庄、曲阜、兴山以及徐州等 24 座汉文化旅游城市，共叙汉风

神韵，结缔同盟之谊，成立了我国目前第一个以汉文化为主题的旅游合作组织。

上述这 24 个城市，具有在不同时期、不同内容的汉文化旅游资源或景点。在品牌合作与区域联合的大趋势下，各相关城市迫切希望建立一个平台，整合开发汉文化旅游资源与产品，联手塑造汉文化旅游品牌、推进旅游市场互动。淮南市高举汉文化旅游发展之大旗，积极引导和鼓励各市旅游企业特别是汉文化相关景区之间相互缔结友好合作关系。利用本地新闻媒体、互联网、会展等多种渠道，宣传汉文化的旅游资源和产品，与其他城市互享汉文化旅游信息。淮南市将与同盟各成员共同参与，相互呼应，联手打响汉文化旅游的品牌。

**4. 营造汉风建筑特色**

汉文化是淮南地区在长期的历史发展中不断积淀、发展和升华的精神财富。汉文化的继承和发扬对当代淮南城市风貌特色营建具有积极的推动作用。2010年，淮南市城乡规划局委托浙江大学建筑设计及其理论研究所编制了《淮南城市特色和建筑色彩规划》。王洁教授主持的该规划提出，淮南市的文化建筑、景观建筑宜彰显汉文化内涵，提倡打造汉风建筑。汉风建筑是指用现代的建筑材料和结构技术建造的，既满足现行建筑规范、功能要求，又具有汉文化内涵的新地域建筑。

# 5.3 淮南城市风貌特色的营建策略

## 5.3.1 城市空间发展的整体策略

根据《淮南市城市总体规划（2010—2020）》，淮南市是以建设能源科技城市、建设宜居生态城市、建设文化旅游名城为长远目标。我们认为，淮南的城市建设应更加注重环境建设，创建有特色、有品质的城市空间。根据淮南城市发展现状和未来方向，提出以下六大整体策略。

（1）促进生态型城市建设，凸显独特的景观体系

淮南城市风貌规划和建设要以"山–水–城"的关系为基础，凸显淮南独特的三山、三水和三城之间的互动关系。

（2）通过"近山亲水"，把自然资源融入城市

"近山"是将自然山体引入到城市空间格局中，在尊重山体、保护山体构造的完整性、保护山体自然植被等前提下，将山体与城市和谐共生。特别要充分利用舜耕山、八公山的自然生态作用，把绿色渗透到城市生活中。

"亲水"是指淮南城市的发展应该主动将水系纳入空间结构中，加快滨湖滨水新城建设，力争使其成为推动与引导城市风貌特色形成的重要力量之一。

（3）建构良好的公共开放空间系统

城市开放空间是城市环境的主要载体，主要包括城市公园、城市广场、滨水绿带、道路绿地、风景林地等，是城市与大自然相互沟通的通道。淮南是"国家园林城市"，但目前淮南市的开放空间存在分布不均匀的问题。舜耕山一带有大片自然的山水，而城市北部缺少高品质的自然绿地。因此，要依托淮河公园和龙湖公园，改善北部的生态环境，保持城市开放空间的平衡。需要促进绿地系统的整合，形成覆盖全城的绿化网络。例如，沿淮河应避免硬质驳岸简单化的工程处理方式，恢复和利用一定宽度的自然河滩，使自然生态过程得以维持。

（4）促进与环境友好的交通模式，发展步行环境

公交车和自行车是淮南市大部分居民的主要出行方式。设置公交专用线和自行车道有助于缓解城市交通问题。新城区和新的道路建设要充分考虑各种交通模式的需要，将城市休闲、社区绿化和交通空间整合起来。步行环境不仅是商业活动的必须，还是衡量城市环境品质的重要指标之一，提倡从市级到区级各类高品质步行环境的建设。

（5）控制东部城区的高层化态势，科学引导高层建筑的发展

总体来说，淮南城市的高层化是城市化进程中不可避免的发展趋势。目前，淮南的东部城区建设中呈现出一种高层建筑迅速递增的态势。淮南城市已经确定了城市南扩战略，今后高层建筑的重点发展应该以山南新区为主，东部城区有条件建设成为宜居宜商、具有温馨氛围和宜人尺度的城市主要组团。通过城市更新的方式，强化东部城区商业中心和文化中心的功能，将行政商务办公和大型集团疏解出去，重新整合商业、文化、旅游和居住功能，强化特色，营造环境舒适、尺度宜人的城市组团。

（6）打造现代的、富有创造活力的山南新城

山南新区将是反映 21 世纪淮南经济发展和空间特征的新城区，是一个具有时代进取精神以及舒展明朗的空间环境和独特个性的城市组团。但目前中国城市新城的建设往往只有现代化的高楼和宽敞的景观大道，而缺乏人气和生活气息。我们提倡促进城市功能的混合性，将生活、工作和娱乐等诸多的城市功能适当地整合起来，能够最大限度地提高城市公共设施的效率，降低社会和交通成本。如在山南新区的建设中，除行政、金融、商业等工作场所和工作人员外，还要更多考虑能提供相应数量的就业机会和低成本的居住区，促进新区的活力。

### 5.3.2　三个城区的特色引导

淮南市作为组团式城市，主要由东部城区、西部城区和山南新区构成。根据城市总体规划的功能定位，三个城区分工上各有侧重，东部城区的主要功能为全市的商业中心；西部城区的主要功能为矿区生活服务中心；山南新区的主要功能为行政、办公及文教中心。

我们对三个城区的特色定位如下：

**1. 西部城区的风貌特色引导**

（1）现状

西部城区与淮南市中心城区（田家庵区）相距约 11 公里，距国家级历史文化名城寿县县城约 9 公里。西部城区水面丰富，南部有瓦埠湖，东部有十涧湖，水质良好，景观优美。西部多为山地，森林覆盖率较高，整体自然生态环境较好。西部城区的八公山是历史厚重的文化故地，因八公山处于长江文化和淮河文化交汇处，积淀了深厚的淮夷文化和楚汉文化。图 5-18 所示的是八公山旅游景区的入口，以汉风建筑彰显楚汉文化特色。

西部城区是淮南市的老工矿区，矿产资源丰富，依托矿产资源形成的煤炭、电力、建材、机械为主的工业体系，经济基础较为雄厚。但西部城区长期以来采用工矿园区的建设模式，导致矿区模式下的"生产"功能强势，而面向生活服务的城市功能相对不足。经过 2003 — 2006 年实施的沉陷区治理与棚户区改造工程，西部城区的城市面貌与生活环境得到较大改善，但还是存在整体城市形象差、公

◇ 图 5-18　八公山的楚汉文化——八公山风景区入口

共服务设施不足（包括支撑现有旅游业发展的城市服务设施不足）以及生产和生

活服务设施不足等问题。

（2）特色引导

A. 彰显历史人文，统一协调八公山的旅游开发。如图 5-19 所示是八公山风

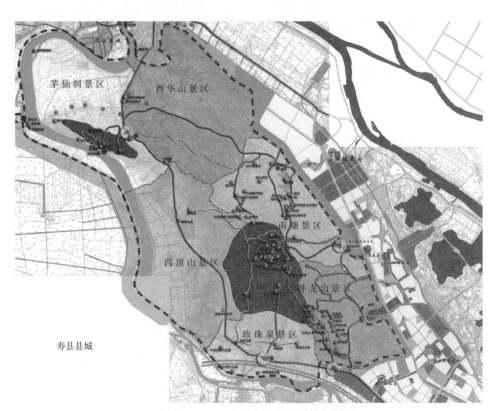

茅仙洞景区

西华山景区

南塘景区

四顶山景区

卧龙山景区

珍珠泉景区

寿县县城

◇ 图 5-19　八公山风景区总体规划图

景区总体规划图。

B. 保护自然，控制城市发展边界，严格保护生态功能区。第一，以保护八公山风景区作为界限，具体边界以城市道路和高压走廊为参照，向山体外推200～250米为风景区边界。第二，以铁路作为城市与沉陷湖生态湿地之间的界限，铁路以东保留新庄孜矿及电厂用地、李一矿用地，其他全部作为生态建设用地使用。第三，以已建成通车的合淮阜高速公路与102省道作为城市与瓦埠湖水源保护区之间的防护屏障，建设用地不应跨越。

C. 尊重自然，加强山水渗透，打通多条生态走廊和通道。要改变西部城区"近山不见山、临水不亲水"的现状，对水系进行治理，形成山水相连的生态走廊。打通多条进入八公山风景区、瓦埠湖和沉陷湖生态湿地的游览道路，实现城市与自然相互融合，人与自然相互亲近。

D. 建设宜居城区，明确功能分区，突出工业和居住特色。西部城区用地功能混杂现象比较突出，生产与生活环境相互干扰。因此，工业需要集中安排。尽快改变目前居住用地中存在的问题，如：房屋质量低，存在大量危房；建筑密度大，许多房屋不能达到日照规范要求等。同时，要完善配套设施，彻底解决居住环境不佳等问题。为了规范和协调量广面大的建筑，需要对居住区和工业区的建筑风格提出引导。

（3）居住建筑风格引导

居住建筑是西部城区的建筑主体，其风格控制应本着"以人为本"的原则，体现以下几个方面：

A. 注重居住区或居住小区的整体风貌，突出环境设计。规划设计时应注意创造亲切舒适的人居环境，建筑群体空间组合和室外环境小品的设计要考虑山水城市的特点。居住区或居住小区要有一种总体建筑风格，且应注意与周围环境的协调关系以及街景立面的韵律感。

B. 居住建筑的单体设计要灵活多变，既要有自己的特色，又要强调个体美和整体美的和谐，讲究形体、空间、比例和色彩等的整体效果，同时考虑单体建筑的可识别性。

C. 要注重居住小区与城市总体风格的协调。要通过小区周围环境建设，做

汉风建筑 de 诠释与重构

好小区与城市的衔接和过渡，小区出入口应设有明显的标志，其形式应与小区内建筑和谐统一，同时具有自己的突出特点。

（4）工业建筑风格引导

对于西部城区而言，工业建筑也是建筑风格构成中不可忽视的因素。过去的工业建筑是以满足工业生产需要为前提，无论建筑单体、建筑群还是环境都无特色可言。当前，各种高水准的矿区开发建设为工业建筑的发展注入了新的活力。

工业建筑的控制主要从以下三个方面着手：

A. 工业区要进行详细规划设计，为环境建设留有充分的发展空间，并以必要手段保证环境建设与厂房建设同时实施，创造良好的工业区景观和办公氛围。

B. 工业建筑要反映企业文化特点，在满足功能的基础上进行建筑形体的设计，具体体现企业形象的创意。

C. 工业建筑的风格要以体现高科技的现代风格为基调，创作手法应大气、流畅，反映现代工业化的特征。

### 2. 东部城区的风貌特色引导

（1）现状

东部城区北临淮河，南倚舜耕山，区内分布有采煤沉陷区、铁路和多条高压走廊，用地条件比较复杂，发展空间局促。目前，东部城区主要集中了全市的行

◇ 图 5-20　更新改造后的朝阳路街景效果图

◇ 图 5-21　淮南体育馆周边现状

政办公、商业服务、文化娱乐等公共服务功能，以及新兴工业和生活居住功能（见图 5-20 和 5-21）。现代商业、服务业等设施主要集中在以国庆路、龙湖路为核心的"龙湖商圈"，其次分布在以淮舜路为核心的"淮舜商圈"。东部城区商业氛围浓重，有多家中型商场，但总体上高档次的大型商场比较少。商业设施基本上沿主、次干道呈线形布置，对城市交通产生一定干扰，同时也不利于形成良好的购物环境。

（2）区域特色引导

A. 为使城市显山露水，需要加强沿河、沿山地区绿化和美化，同时打通广场东路和淮舜路两条绿化走廊来沟通山水界面。特别要充分利用舜耕山的自然生态作用，有效地形成向城市方向的"绿指"，把绿色渗透到城市生活中。

B. 营造宜商环境。积极促进商贸流通业发展，结合旧城更新和新区建设，建设商业中心区块，加强东部城区宜商特色。

C. 保持和体现老城区的建设特点，结合城市更新，增加城市公共户外空间，广场和绿地的尺度强调亲切、宜人。

D. 控制东部城区的高层化态势，高层建筑在统筹规划的前提下，沿中心区的龙湖路、朝阳路、国庆路等主要道路集中布置。

E. 对龙湖公园一带以城市更新的方式进行特色区域改造，改善该地区居住和生活条件，创造高尚、休闲、有品位、有特色的人居环境。

（3）商业建筑特色引导

A. 商业建筑在用地布局上要有整体观念。将商业建筑按街区或路段进行布置，维持视觉的连续性，并对其进行统一规划和管理，控制单体建筑的体量、色彩和高度，便于与周围建筑协调。

B. 位于重要地段的大型商业中心的建筑风格应该体现时代特征，建议采用新现代主义建筑风格。

C. 要注重商业建筑的室内外空间的一体化设计，为人们创造集购物、娱乐、休闲于一体的商业空间和富有情趣的视觉空间。

（4）以城市更新的理念推进旧城改造

目前，淮南市正在进行东部城区的城市更新。图 5-22 所示的是王洁主持的对东部城区的主要景观大道——洞山中路的城市设计。洞山路是城市南拓、东进、西调的重要衔接地段，是联系中心城区三个城市组团的交通要道。随着山南新区开发建设的不断推进和成熟，以及位于洞山中路的淮南市委、市政府和安徽理工大学（西校区）的搬出，为了促进其主要功能的成功转型，准确把握洞山中路的

◇ 图 5-22　洞山中路城市更新效果图

整体发展方向，提升洞山路作为景观大道的整体形象，淮南市城乡规划局委托浙江大学建筑设计及其理论研究所进行了洞山路城市设计。

根据城市更新的规划理念，洞山中路城市设计注重调查分析，充分挖掘地域特色，寻找具有识别性的形态和意向来指导城市设计的风格。具体采用了以下设计方法和步骤（见图 5-23）。

步骤一：构筑洞山路现状建筑和已批建筑的三维"集体照"。

洞山中路城市设计的对象是大量现状建筑、已批未建及已批待建的项目。因此，基于规划可操作性的考虑，在摸清各个项目的现状情况以外，需要进行汇总，即做出一张现状建筑、已批建筑和规划建筑的三维"集体照"。"集体照"将有助于全面、深入、多角度地分析周边环境，为设计方案的优化创造条件。

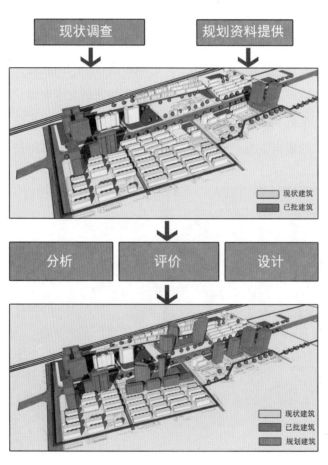

◇ 图 5-23　洞山中路更新式的设计方法

步骤二：建立评价体系。

在逐个调查沿线现状建筑所有者改造意愿的基础上，再从以下几个方面确立评价体系，并决定哪些为保留建筑：①从主要观察点分析天际轮廓线的协调度；②从总体布局分析公共空间的连续度；③运用形态美学的标准和方法，分析建筑群体的和谐度；④针对局部空间尺度、环境氛围等要素，分析步行空间的友好度等。

步骤三：缝合和创造。

将保留建筑、已批建筑和本次规划设计建筑进行整合后再创造，对街道界面、建筑高度、公共空间等进行统筹规划，创造出具有特色的洞山中路整体形象。

图5-24是根据上述规划步骤进行的局部地块城市设计。

图例：
现状建筑
已批建筑
规划建筑

◇ 图5-24　地块的更新式城市设计

### 3.山南新区的风貌特色引导

（1）现状和规划概要

山南新区北面与东部城区仅一山之隔，合淮路纵贯新区，102省道从新区南部经过。规划合淮阜高速公路、淮蚌高速公路分别从新区南部和东部掠过，交通条件非常优越。山南新区地形呈现南高北低、中部高两边低的走势，但整体地形比较平坦，空间开阔，开发建设前仅有少量民居点，是淮南城市发展的主要区域。

山南新区的规划定位是突出市级行政办公、文化娱乐、商务办公等功能。规划功能分区主要包括核心区、科教园区、工业区和居住区4类。如图5-25所

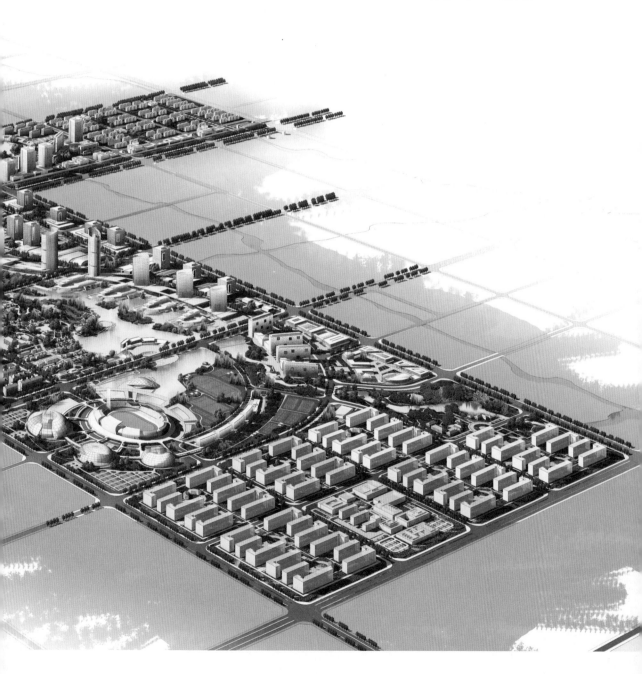

◇ 图 5-25　山南新区核心区效果图

示是清华大学建筑设计研究院规划设计的核心区效果图。核心区呈十字形双如意布局，沿南北主轴自北向南安排商务办公、市级行政中心、市级文化设施、会展中心和市级体育中心等功能区。沿东西方向分别安排商业、商务区和商住区。同时结合水系与湖泊形成环境优美的游憩休闲空间，使中心区的各功能区连为有机体。山南新区规划 7 个集中的居住片区，分别为泉山居住片区、周集北居住片区、周集南居住片区、中心居住片区、马厂北居住片区、马厂南居住片区和刘塘居住片区。

（2）区域特色引导

A. 做好水系规划，强调绿廊建设，突出城市建设的可持续发展。

B. 体现集约用地原则，居住区以高层建筑为主。

C. 体现新区的建设特点，科教园区的规划和建设要体现生态建筑特点。

D. 核心区要提倡高层建筑的发展，用高层建筑的合理分布，突出塑造南北和东西两轴的天际线和整体轮廓线。

E. 从建筑布局、形态、色彩、植物和城市家具等方面统筹安排，通过加强界面的连续性来强调核心区的双如意结构。

（3）行政办公建筑特色引导

行政办公建筑在山南新区建筑构成中占有很大比重，因其在地理位置、建筑体量、建筑形象等方面具有特殊性，对于新区整体建筑风格的形成有极其重要影响。

山南新区的行政办公建筑以新现代主义风格为主，其特色控制应从以下三个方面着手：

A. 行政办公建筑中位置突出、体量较大的高层建筑必须采用新功能主义风格或生态建筑风格，其他低层办公建筑可采用多元风格，但必须与周围建筑环境有机协调。

B. 行政办公建筑外部形象应庄重、典雅，符合功能要求，注重内、外公共空间的统筹设计，摒弃追求表面豪华而不顾艺术内涵、功能实效和地域特点的建筑作品。

C. 行政办公建筑在外墙材料选择上要立足于地域特点，追求材料质感搭配和精致合理的细部处理。

（4）文体建筑特色引导

文体建筑是文化、体育类建筑的统称，因其在反映当地文化特征、继承历史文脉，建筑体量和结构以及人流聚集等方面具有鲜明的个性，因此在整体建筑形象与风格构成中起到举足轻重的作用。

山南新区文体建筑的特色要从以下两个方面进行控制：

A. 文体建筑创作手法要大手笔，体现大气魄和创新精神。文化建筑宜反映淮南的汉文化特色，也可以采用现代主义风格，其独特形象要有利于市民的自豪感和城市可识别性的形成。体育建筑因其独特的功能与结构，宜展现高科技的表现形式。

B. 文体建筑要具有丰富有序的色彩，充分体现建筑的个性，体现建筑的开放特点。

### 5.3.3　淮南市建筑特色的定位

#### 1. 整体打造建筑的生态特色

淮南市的新建建筑肯定会受到中国当代建筑风格多元化的影响。例如，新功能主义风格坚持现代建筑的理性原则，摒弃功能主义的极端性，以现代功能为出发点，注重新材料、新技术和当代美学的应用，同时加强对环境的重视，建筑结合经济与时代的发展而发展。而地域主义风格倾向基于地方特定的文化、地理与气候条件，强调个性特征，以特定的价值观和想象力，以自身固有的文化基础表现出独特的城市风貌。还有一些追求个性与象征的设计倾向，在淮南也有一定的影响力，其偏重于艺术的建筑观，突出表现建筑的独特性。

建筑特色是城市风貌特色的重要组成部分；同时，城市风貌特色也决定建筑特色的发展方向。基于对淮南城市风貌特色的现状分析，淮南市新建高层建筑应以现代风格为主，提倡发展新功能主义风格和生态建筑风格。淮南的城市结构特征是组团式的山水城市，组团与组团间绿化空间宽阔，生态环境建设具有较好的基础。主城区内有大小不同的山脉，构成淮南独特的空间结构与景观资源。建筑布局和形态应该利用多山、多水、多树的自然条件，强化建筑的生态特色。倡导

建筑的生态特色，就是要强调建筑的时代特征，与淮南建设"资源节约型、环境友好型"的城市发展目标相匹配。同时，在生态建筑的创作中，突出建筑与环境相协调，强调现代生态技术的美感。表 5-2 所示的是在淮南市提倡的具有生态特色建筑的立面语言。

表 5-2 淮南提倡的生态建筑立面语言

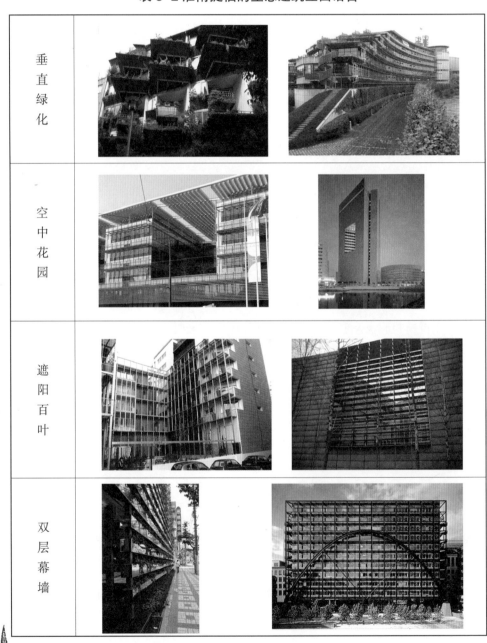

### 2.局部打造汉风建筑特色

文化建筑、景观建筑提倡采用汉风建筑风格，其主要用意是尽可能引起人们对淮南汉文化的联想，使建筑能够成为历史的载体，并与人们的情感、心理和行为模式关联在一起，满足现代人的精神需求，加深人们对城市文化的认可。对于淮南提倡的汉风建筑，有以下三点认识。

首先，淮南的汉风建筑不同于仿古建筑，它应是现代功能技术与汉文化特征的和谐统一。例如，可以利用现代技术表现汉代建筑的雄壮，在大跨度、大空间的营造及采光、通风等各个技术层面满足内部空间的使用要求。主材选择质朴、大气的自然材料，同时配以玻璃、钢等现代材料，赋予地域建筑以时代的气息。

其次，在表现汉文化特有的气质和内涵上，对建筑形式的处理并不是简单的模仿，而是将汉代建筑的特征和内涵经过艺术加工，创造性地表现出来。在实际操作中，我们需要运用本书第四章中提取的汉代建筑语言，例如平直、古朴的檐口，简洁、雄健的柱饰，高耸、气派的石阙等。将这些元素提炼、加工，运用现代的设计手法加以表现。在建筑细部和装饰处理上对汉代常见的动物、植物、文字、几何纹、云气等纹样进行抽象再造，确立独特形象，不仅使现代建筑与传统文化取得文脉上的联系，而且也给古老的形式注入新的活力。

最后，建筑是文化的载体，汉风建筑就是要将汉文化在现代建筑中表现出来。例如，设计中可以在重点区域以"方"和"圆"为母题来组织平面，突现"明堂辟雍"的汉代语言。色彩上以灰白为主调，在重点部位使用红褐色加以点缀，典雅而醒目。

几千年来，中国的传统建筑形式表现出一脉相承的特性，在这种情况下，我们只有充分认识到所要表现的建筑文化背景、时空环境以及所要传递的文化信息，抓住汉代的文化特征，才能从总体上准确地表现出汉风建筑特有的文化气息。

## 参考文献

安徽省文化局文物工作队.安徽省淮南市蔡家岗赵家孤堆战国墓.考古，1963，4.

安徽省文化局文物工作队．安徽寿县茶庵马家古堆东汉墓．考古，1966，3.

杜辉．建筑材料的地域性表达方法研究——追寻材料的"本"与"真"．厦门大学硕士学位论文，2009.

淮北市博物馆，淮北市教委．工地汉墓发掘清理简报．合肥：黄山书社，2005.

淮南市博物馆．淮南市双古堆西汉墓清理简报．合肥：黄山书社，1999.

淮南市博物馆．淮南朱岗西汉石梓墓清理简报．合肥：黄山书社，1993.

淮南市文化局．安徽淮南市二卜店庙台孜汉墓．文物资料丛刊，1981，4.

李世芬．新时期建筑创作倾向分析．河北煤炭建筑工程学院学报，1996，4.

李湘．安徽地区汉代墓葬研究．安徽大学硕士学位论文，2010

刘秀慧，邱宇．从《淮南子》看汉代审美风格的变化．学术交流，2011，2.

陆耿．文化典籍《淮南子》的传播及其资源开发．中国石油大学学报社会科学版，2011，3.

谢列场．从意境的角度探索当代纪念性建筑的表情．合肥工业大学硕士学位论文，2009.

徐孝忠．安徽淮南市发现一座汉墓．考古，1991，2.

浙江大学建筑设计及其理论研究所．淮南城市特色和建筑色彩规划（文本）．2010.

# 第六章　淮南汉风建筑的重构体系

第五章调查和分析了淮南市的现状城市风貌特征，淮南市与汉文化的渊源以及汉文化在当今淮南城市和生活中的传承状况，提出了淮南城市风貌特色的营建策略，明确要营造汉风建筑特色。本章将具体阐述淮南汉风建筑的建构体系。

## 6.1　营建汉风建筑的可行性

### 6.1.1　汉代建筑与现代建筑的特征比较

汉式建筑和现代建筑这两种相隔 2000 多年的建筑风格，是否能够合理地相互糅合，首先需要从布局、造型、体量和手法等层面，对汉代建筑和现代建筑的主要特征加以比较，探索两者风格形成的根本，才能合理地进行汉风建筑的重构。由于时代不同，汉代建筑与现代建筑有着显著的不同之处。如在空间组合上，汉代建筑与现代建筑的空间布局方式相反。汉代建筑是以小空间和院落串联来表达群体组织；现代建筑是以大小空间聚合形成整体，重在单体表现。

在尺度上，汉代建筑和现代建筑存在很大差异。如何处理好尺度及其相关的比例问题，是现代建筑创作中体现传统风貌的难点和制约点。要协调体现现代功能和技术的大尺度以及传统建筑意向的小尺度这两者之间的矛盾，要求建筑师有深厚的传统建筑修养和敬业精神，需要在不断地深入推敲过程中把握好分寸。

表 6-1 列出了汉代建筑与现代建筑的比较。由于汉代建筑与现代建筑有着

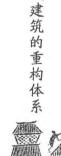

较多的本质差异，在当今城市中以现代材料和结构方式营建汉风建筑，主要应从设计理念入手，而不能仅仅着眼于建筑的外观形象，宜通过拆解体量、控制尺度、增加层次、雕琢细部等手段，营造汉风建筑的韵味和意向。例如，平面布局上尽量采用小体量、小空间串联的方式，把现代建筑的集中空间转换为汉代建筑的院落空间，如需大空间可以通过内院加平顶的方式来转换获得等。

表 6-1　汉代建筑与现代建筑的比较

| | | 汉代建筑 | 现代建筑 |
|---|---|---|---|
| 元素对比 | 布局 | 院落式 | 行列式 |
| | 体量 | 平铺 | 叠加 |
| | 空间组合 | 小空间串联 | 大小空间聚合 |
| | 尺度 | 人行尺度 | 车行尺度 |
| | 开间 | 明间基本小于 4 米，柱网不等距 | 开间多为 6～9 米，柱网多统一 |
| | 其他 | 汉代建筑屋顶为坡屋顶；现代建筑多为平屋顶 | |
| | | 汉代建筑追求对称布局；现代建筑多为自由平面 | |
| | | 汉代建筑的结构形式为木结构；现代建筑多为钢筋混凝土框架结构 | |

208

汉风建筑 de 诠释与重构

### 6.1.2 汉风建筑的实践概述

#### 1. 以复古为主的汉风建筑

复古为主的汉风建筑主要是指那些依据汉代画像砖石或明器中的汉代建筑形象，进行了较为逼真的模仿和复原的现代建筑。近年来，随着国内大制作历史电影和中国文化旅游的兴起，全国各地相继建起了规模巨大、试图还原汉代的生活、建筑和城市的主题式影视城。该类建筑以模仿和复原汉代建筑为目标，对复兴汉文化起到了一定的推进作用。如图 6-1 所示的是徐州汉城影视基地。

◇ 图 6-1　徐州汉城影视基地

吴焕加教授对传统样式建筑的发展有过这样的论述："今天，传统建筑体系实施的地盘当然愈加缩小，不过这并不意味着传统建筑方式会完全消失。除文物建筑之外，新造的地道的传统建筑物，在一些特定的场合，如历史文化胜地、庭院及园林、观光区、博览会、风情园等处还会出现。"但当这种大规模的、以简单化的复古和模仿形成的主题项目在全国各地开花的时候（见表 6-2），必然会受到较多建筑师和大众的反对。究其原因，有如下几点。

表6-2　部分影视城建设概况表

| 名称 | 概　况 | 实景照片 |
|---|---|---|
| 沛县汉城 | 沛县地处江苏西北，微山湖西畔，是汉高祖刘邦的家乡，历史悠久，人杰地灵。汉城位于沛城中心，占地66公顷，由汉城公园、汉街、汉高祖原庙、歌风台等大型仿汉建筑群组成 | |
| 焦作影视城 | 焦作影视城是中原地区唯一的著名影视基地。占地面积2.5平方公里，建筑面积40万平方米，是以春秋战国、秦汉、三国时期文化为背景的仿古建筑群。其中，楚王宫秀美亮丽，充分体现了长江流域楚文化的丰富内涵 | |
| 无锡影视基地 | 无锡影视基地始建于1987年，占地面积近100公顷，拥有大规模的古典建筑群体。三国城、水浒城、唐城等建筑都由专家们精心考证设计，再现了当时历史背景下的建筑风貌 | |
| 涿州影视城 | 汉代景区是为拍摄电视剧《三国演义》而建设的，占地20余公顷，由魏、蜀、吴3条街和4座城楼组成，汉代的各种建筑在其中都有展示。其中的四座城楼和200米长的长城建筑群，古朴淳厚，巍峨壮观，令人仿佛又回到了东汉末年时刀光剑影、战火纷飞的岁月 | |
| 横店影视城 | 横店影视城位于浙江中部东阳市境内。其中，建筑面积6000平方米的"秦汉街"，充分展示了秦汉时期的街肆风貌。黄尘古道、金戈铁马、燕赵建筑及秦汉文化在秦王宫得以真实再现 | |
| 徐州汉城 | 徐州汉城占地16公顷，由汉宫、相府、汉阙、钟室及藏书阁等23个建筑和28座雕塑精品所组成，是一处典型的再现汉代风格的仿古建筑群 | |

首先，当今的建筑材料、施工方法等物质技术条件与汉代已完全不同了，简单化地复古汉代建筑失去了真实性和现实意义。

其次，鉴于第三章对汉代建筑艺术的研究概述，由于地面上除了极少数石祠和汉阙等实物外，汉代的主体实物建筑没有遗存，所以模仿和复原汉代建筑目前尚存在疑点，不可不深入研究就随意大规模建设。

最后，人的审美心理和空间使用功能也具有时代性，人们不会满足于欣赏没有新的信息和创意、不适合当今生活方式、纯粹模仿古代而得到的建筑形式。

### 2. 以传承为主，创新并重的汉风建筑

目前，大多数中国建筑师在设计地域建筑时已基本达成共识，着眼于探索现代建筑艺术和传统审美意识相契合的精神层面，摆脱形象上、技术上的相似，追求精神上、意境上的相通。但由于汉风建筑创作还没有形成明确的体系，还较难找到具有代表性的汉风建筑作品。下面以吴良镛院士设计的孔子研究院为例，来具体说明这类建筑的设计理念和方法。

众所周知，孔子是春秋战国时期我国著名的大思想家，他所处的时代与汉代相隔不远，再加上古代科学技术发展缓慢，导致当时的建筑艺术与汉代有较多共同之处。吴良镛院士在设计孔子研究院时，就将其定位为一座具有中国文化内涵的现代化建筑。他和设计团队根据战国时期的建筑文化特征及中国书院建筑发展特征，在建筑构图、总体布局和造型、装饰纹样等方面均作了一定的探索，取得了艺术性、文化性、实用性的多重成功。[①]

建筑的总体布局：孔子研究院的地位相当于古代的明堂辟雍，可以说是现代的"礼制建筑"。其主体建筑力求造型严谨，采用方圆结合的形式，意在汉代礼制建筑原型上的创新，以"高台明堂"为原型，极具纪念性。如图6-2所示，总体布局为在建筑群的纵横两轴线上规划以辟雍形制的广场，环绕以水池，中有喷泉，外有回廊，不仅在空间布局上烘托了主体建筑群，而且还为曲阜群众提供了进行多样活动的场所。[②]

建筑单体：吴良镛院士对孔子研究院的设计理论是明堂、辟雍与高台的隐喻。

---

① http://news.sciencenet.cn/htmlnews/2012/2/260011.shtm.
② 吴良镛，朱育帆. 基于儒家美学思想的环境设计. 中国园林，1999，6.

211

第六章　淮南汉风建筑的重构体系

整个建筑设计采取"高台明堂"的形式，直接传承了我国古代长期存在的礼制建筑的形式，给人的感受是直观的（见图6-3）。具体而言，孔子研究院的主展厅位于整体建筑的2、3层，经过室外大台阶直接步入，其中2层的四壁为方形，3、4层的墙壁为圆形，与明堂辟雍中的"方圆结合"相呼应。在建筑中央留有共享空间，上下连通。①2层的圆形的外墙用红色的大理石砌成，这与汉代建筑色彩特征是相符的。

建筑装饰：吴良镛院士说："现代建筑中，无需刻意装饰，但不能否定装饰，特别在这类纪念性建筑物。在孔子研究院设计中为了达到隐喻的目的，或作为符号

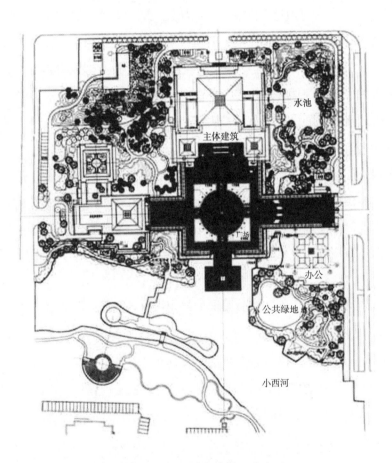

◇ 图6-2（1） 孔子研究院总体布局

① 清华大学建筑学院. 曲阜孔子研究院的设计实践与体会. 建筑学报，2000，7.

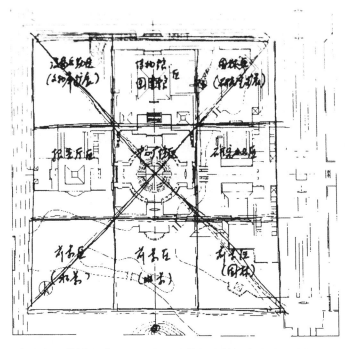

"九宫格"模式示意　　各组建筑与园林环境在中心广场四周

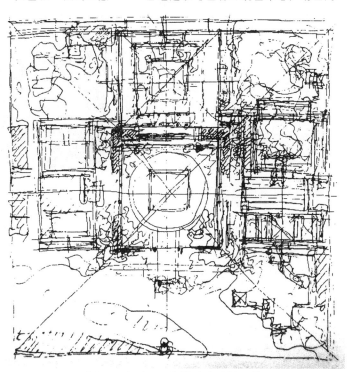

◇ 图6-2（2） 吴良镛院士的构思草图

第六章　淮南汉风建筑的重构体系

◇ 图6-3　孔子研究院建筑形象

在装饰母题上做了一些文章。"作为建筑的主要装饰构件之一，在屋脊正吻上作一些动物装饰，体现一种优雅的飞动之美，也成为中国古代建筑的重要特点。正吻的造型设计对照汉代明器和画像砖石，并把它当做一组雕塑（见图6-4）。大门是铸铁推拉门，用汉代树造型的图案是一个集中的装饰。同时，利用文字、书法装点建筑，也是传统建筑久用不衰的一种特有的途径。[1]

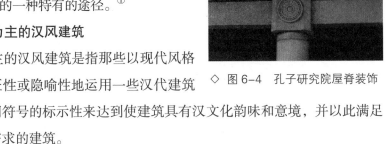

◇ 图6-4　孔子研究院屋脊装饰

### 3. 以象征为主的汉风建筑

以象征为主的汉风建筑是指那些以现代风格为主，只是象征性或隐喻性地运用一些汉代建筑符号，或者利用符号的标示性来达到使建筑具有汉文化韵味和意境，并以此满足当代人的精神需求的建筑。

例如，以象征为主的汉风建筑非常注重四阿顶的应用，这与中国古建筑的屋顶是整座建筑形象的最重要部分及在现代人的印象中大屋顶是中国古代建筑的标志有很大关系。以象征为主的徐州汉兵马俑水下骑兵俑展厅的主体建筑，

---

① 清华大学建筑学院. 曲阜孔子研究院的设计实践与体会. 建筑学报，2000，7.

虽然采用了四阿顶这个汉代建筑符号，但大大改变了屋顶的尺度（见图 2-42），通过尺度变异的"四阿顶"这一形式语言，以象征的方式达到了传递汉文化内涵的目的。

### 6.1.3　重构汉风建筑的必要性和可能性

#### 1. 淮南重构汉风建筑的必要性

城市的历史文化资源为什么要整合、再现和利用？这是因为历史文化是与时间联系在一起的，时间久了，历史文化也会经不起岁月的风吹雨打，被淡忘，变残破，甚至归于消失。淮南的汉文化资源可以理解为当代城市风貌特色建设中汉风建筑得以生存的时空环境，是当今的现实与汉代历史之间的一种内在关联。因此，在中国千城一面、城市追求文化身份的大前提下，彰显汉文化对于淮南城市特色建设具有现实意义。

尊重汉文化，意味着新建筑需要注重在视觉、心理和环境整体等方面的文化传承与连续。重构汉风建筑不仅有利于淮南建筑特色的形成、历史文化的延续及环境整体秩序的形成，也有利于现代建筑自身能够更好地被公众所接受和认同。在淮南适度提倡汉文化特色，能够增强城市的认同感，丰富建筑创作，最终促进淮南城市风貌特色的形成。

同时，从现代建筑的发展趋势来看，全球化时代的建筑创作也越来越倾向于关注地域性、历史文化传统等因素。我们不妨将汉风建筑看作是多元化时代一种建筑风格的探索，尝试从淮南曾经辉煌的汉文化历史中汲取灵感，创作出符合淮南城市发展、文化品位和生活品质要求的新地域建筑。

淮南以汉文化为主体文化，城市的文化性建筑、标志性建筑应该象征城市的精神，应当考虑将汉文化放在突出地位。这对于增强淮南的地域精神与社会凝聚力具有积极作用。同时，彰显淮南城市特征的汉风建筑，应该是现代与传统的有机结合——既要具有很强的现代创造力，又要体现汉文化的大气与稳重。汉文化绝不是单纯的形式问题，在本质上应该是一种心理积淀。汉文化是淮南丰富的历史文化资源，建筑师在建筑创作中应该关心历史，了解汉文化，才能创造出有时代意义的汉风建筑。

### 2. 淮南对汉风建筑的设计探索

淮南市为了复兴、整合和利用汉文化资源，除了在第五章中介绍的对豆腐文化的传承和发扬、对汉代历史人物的宣传及加入汉文化旅游同盟等实践以外，明确提出要打造汉风建筑，并在近期的规划设计和建设实践中表现出对汉文化的重视倾向。

（1）富有汉文化特色的八公山旅游综合服务区规划设计

如图6-5所示的是八公山旅游综合服务区鸟瞰图，意在通过轴线布置、秩序形成、建筑形式等方面打造具有汉文化特色，集旅游、餐饮、住宿和休闲娱乐为一体的特色综合服务区。

◇ 图6-5　八公山旅游综合服务区规划图

（2）淮南大汉城的规划设计

规划在山南新区打造以汉文化为主题的现代主题文化城，并邀请中南建筑设计院的袁培煌大师主持了这一项目。在淮南大汉城的规划设计中，汉代历史文化的再现是一项重要任务。如图6-6所示，该规划方案在规划布局上强调中轴线和对称布局，把各组建筑串接在轴线上，形成统一而有主次的整体；同时，通过院落运用产生空间变化（见图6-7）。

◇ 图6-6　淮南大汉城鸟瞰图

技术经济指标
总用地面积：761113.90 m²
（不包含气象台7950 m²，老佛洞696 m²）
总占地面积：169479.17 m²
总建筑面积：217912.06 m²
容积率：0.28
建筑密度：22.3%
绿地率：57.2%
地面停车位：792 辆
地下停车位：1670 辆

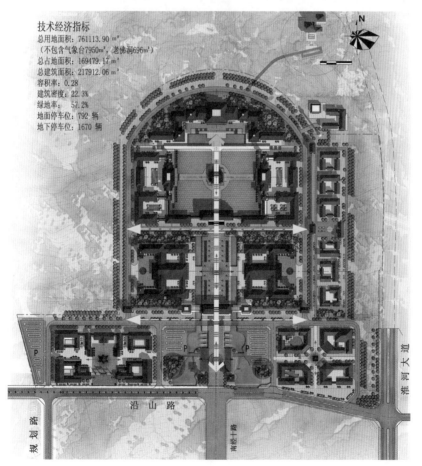

◇ 图6-7　淮南大汉城总平面图

第六章　淮南汉风建筑的重构体系

汉代的五行思想在建筑群布局中也有充分体现，图6-8为《淮南子》天文训中的五星分布图。"天人合一"、"法天象地"的理念与建筑规划密切相关。如图6-9所示的是淮南大汉城晨星宫前广场按五行理论做出的建筑布局图。图6-10所示的院落空间环境设计中取淮南与洛阳流经的淮水与河水，用两条水系增添静态围合空间的动感与活力。沿河两侧每边设置粗犷的石柱共计24柱，上刻24气节的图形，凸显《淮南子》的巨大贡献。

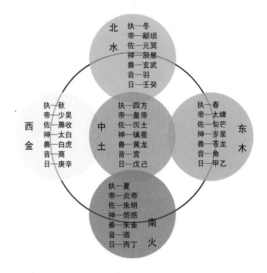

◇ 图6-8 《淮南子》天文训中的五星分布图

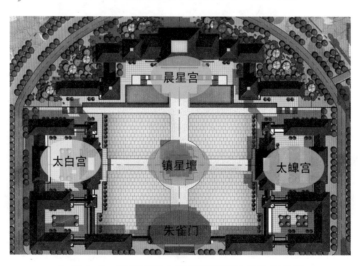

◇ 图6-9 晨星宫前广场按五行理论的布局分析

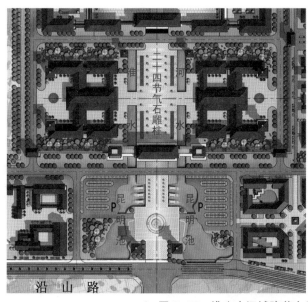

淮南子—門所指支幹，十五日一變，
　　　因有二十四氣，而律各有所屬。

子—冬至（黃鐘）　　　午—夏至（黃鐘）
癸—小寒（應鐘）　　　丁—小暑（太呂）
醜—大寒（無射）
　　　　冬至　　　　　　　　夏至
　　立春（南呂）　　　　立秋（夾鐘）
寅—雨水（夷則）　　　申—處暑（姑洗）
甲—驚蟄（林鐘）　　　庚—白露（仲呂）
卯—春分（蕤賓）　　　酉—秋分（蕤賓）
乙—清明（仲呂）　　　辛—寒露（林鐘）
辰—谷雨（姑洗）　　　戌—霜降（夷則）
　　　　春分　　　　　　　　秋分
　　立夏（夾鐘）　　　　立冬（南呂）
巳—小滿（太蔟）　　　亥—小雪（無射）
丙—芒種（太呂）　　　壬—大雪（應鐘）

◇ 图 6-10　淮南大汉城院落布局及 24 节气石的布置

219

在建筑风格方面，置于 20 米高台的主殿面宽 100 米，三重檐高达 40 米。采用的四阿顶均为 40° 的直线斜面。屋脊采用水平的高栏，略向外倾，敦实而大气。高高的灰白台基，中部是粗壮的木材本色墙体，呈现出粗犷、质朴、亲切的汉代建筑风格（见图 6-11）。

（3）部分具有汉文化特色的建筑设计

在淮南的一些特定建筑实践和创作中，提出采用汉风建筑的设计要求。

在建筑实践方面，如图 6-12 是淮南汉凰阁的实景照片。该建筑群位于东部城区老龙眼水库东侧，采用传统的院落式布局方式。单体建筑的屋顶采用四阿顶，墙身采用白色粉墙加暗红色壁柱的方式，体现了汉风建筑的大气和稳重。

在建筑创作方面，图 6-13 所示的是浙江大学王洁主持设计的淮南迎宾馆方案鸟瞰图。其规划用地为 32 公顷，基地内有自然的山体、植被和水库，自然生态条件良好。迎宾馆是集商务和休闲娱乐为一体的五星级酒店。规划设计利用基地良好的风水格局，建筑以南面背山、北边面水、东西两侧保留冲沟的形式布局，达到避风聚水、留得生气的目的。客房楼规划设计通过顺应地形，跌落式布置建筑群；并严格控制建筑高度和体量，以庭院组织空间，塑造轻松舒适的休闲氛围

第六章　淮南汉风建筑的重构体系

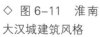

◇ 图 6-11　淮南
大汉城建筑风格

汉风建筑 de 诠释与重构

◇ 图 6-12 淮南汉凰阁实景

◇ 图 6-13 淮南迎宾馆方案的总体鸟瞰图

第六章 淮南汉风建筑的重构体系

（见图6-14）。单体建筑通过百叶、钢构件等现代建筑语汇和自然材料的有机组合，在体现时代风貌的同时传承了历史古韵。建筑色彩以灰色为基调色，以红色的木窗框和柱子为点缀色，形成"黑瓦、灰墙和红柱"的汉风建筑色彩意向。图6-15是淮南迎宾馆入口区的效果图。

图6-16（1）是规划设计的淮南子文化园效果图，6-16（2）是目前正在建设的京福高铁淮南东站的效果图。图6-17是淮南市委党校实施方案的鸟瞰图，该建筑以彰显汉文化为目标，体现了汉文化在淮南的传承和发展。

◇ 图6-14　淮南迎宾馆客房的楼院落布置

◇ 图6-15　淮南迎宾馆入口区效果图

◇ 图6-16（1） 淮南子文化园规划中心区效果图

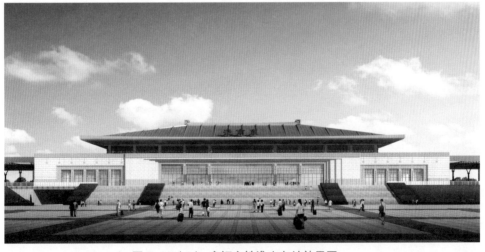

◇ 图6-16（2） 京福高铁淮南东站效果图

第六章 淮南汉风建筑的重构体系

◇ 图 6-17　淮南市委党校实施方案鸟瞰图

## 6.2　淮南汉风建筑的重构策略

### 6.2.1　原则

#### 1. 把握双重趋势

在全球化的今天，世界文化趋同加速了多种文化之间的相互融合。

一方面，淮南现代城市建设必须面对全球化的潮流，关注世界与其他地区文化的发展。因此，建筑师应从现代建筑的前沿理念、发展动向和技术进展等方面，有选择地从对外来文化（包括国内外优秀作品）的分析、借鉴中获得启发，即将现代城市建设的理论与淮南的经济、技术和文化相结合。

另一方面，要重视并在实践中认识到淮南城市建设必须继承和发扬汉文化的内涵，重构适合淮南的汉风建筑创作体系，传递具有汉文化精髓的时代精神的重要性。所以，要把握淮南城市建筑发展的这两个重要趋势，即全球文化的交流与寻找，并发扬汉文化的地域特色。

汉风建筑de诠释与重构

### 2. 提倡开放兼容

社会在发展，时代在前进，新的科学技术提供的物质条件和生活条件冲击着各地的传统和文化，这是历史发展的必然规律。因此，以开放的心态去分析、研究汉文化是淮南建构汉风建筑体系的原则。只有将汉文化精髓与建筑形式创新作为淮南汉风建筑追求的目标，并把这种创新建立在对淮南汉文化资源深刻理解的基础之上，才能创造出具有淮南特色和时代气息的城市风貌。淮南的汉风建筑强调要合理继承汉代建筑艺术中的整体布局、形态特征、色彩和装饰等特征；同时，要协调当代经济发展的状态，将现代建筑的时代感和技术表现力纳入到淮南汉风建筑创作中，这是一个创新与继承并重的动态构筑过程。

### 3. 构筑整体理念

全球化背景下的淮南汉风建筑创作，要把对建筑个体的孤立研究与创作纳入到一个更大的地域文化与城市发展的背景中。淮南是与自然环境密切联系的"山－水－城"三者共融的山水城市，淮南的汉风建筑离不开对城市自然地理环境和城市发展形态的研究。汉代建筑合理利用周边环境，因地制宜，随形就势，其建筑形态的丰富多彩实际上源于对自然环境特征的真实反映。这种突出自然和环境特征，追求天人合一的和谐境界，也是重构淮南汉风建筑的原则。

## 6.2.2 方针

### 1. 契合新时代可持续发展的方针

从第三章可知，汉代建筑不仅具有大气磅礴的形态，更是一种追求与环境协调的建筑环境观。汉代建设通常是根据对"地理"的勘察，来创造一个适宜的人居环境。"依青山"、"傍绿水"、"避劲风"、"聚生气"，这些传统观念和良好习俗是当今低碳经济时代的人们应该深入探究的思想内容和科学方法。这种突出自然和环境特征，与自然环境高度共生的汉代建筑精髓，是契合新时代可持续发展准则、营造淮南地域文化的方针之一。因此，淮南的汉风建筑要多方位研究汉文化的传承和创新，强调寻找和挖掘汉代建筑文化的本质精神，探索适应可持续发展要求的城市精神。

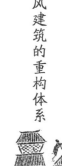

## 2. 合理继承、协同发展的方针

现代主义建筑强调时代感、工业化与技术表现力，但它对于人类在漫长岁月中积累起来的地域特征和文化特征的处理过于简单化，由此造成对原有城市环境和文化的忽视和不尊重，破坏了城市的整体地域文化特色。我们强调要继承汉代建筑文化体系中的合理部分；同时协调当代经济发展的状态，将现代建筑的时代感和技术表现力纳入到地域建筑的创作中。因此，淮南汉风建筑的重构是创新与继承并重的动态发展过程；创新是赋予其活力的源泉，继承则是保持汉文化特征的基础。

## 3. 主张形神兼备的创作方针

当代建筑创作必须满足人们多层次的心理需求，在满足人们对现代生活方式需求的同时，也要考虑人们情感的满足，如对传统文化和地域文化的认同等。全球化背景下的地域建筑创作不能只停留在对传统建筑符号引用的层面上，而应在深入剖析当今城市文化和生活方式特征的前提下，提出与时代发展相符合的形神兼备的创作手段。因此，在重构适合淮南的汉风建筑时，应集合那些代表汉代建筑艺术的特征要素，并把现代技术与这些特征要素融合起来，从而使淮南的汉风建筑既保持汉文化的深层结构，又以一种时代的空间形态展现出与众不同的魅力。

### 6.2.3 方法

## 1. 适度的汉风建筑

当今淮南城市风貌特色建设的一个重要发展方向是从理论到实践积极探索彰显汉文化的建筑创作。从其他具有汉文化遗存的城市（如徐州市）的汉风建筑实践来看，适度提倡汉文化特征，不仅延续了城市独特的传统文化，而且加强了城市的认同感；同时，也有助于丰富建筑创作手法，促进城市风貌特色的形成。但是，淮南的汉文化积累不像一些历史文化名城（如西安、北京）那样有非常明显的地域和历史特点；而且，在中国现代城市建设中又没有完整地体现汉文化的建筑设计理念和建筑大师的优秀作品系列；同时，由于缺乏汉代建筑主体的实物遗存，对汉代建筑的本体研究还需要不断地深入。因此，淮南在塑造具有汉文化特色的建筑时，要警惕出现大量复古式的汉风建筑的陷阱。

汉文化传承是淮南城市风貌特色建设的立足点之一，是将汉代建筑的神韵、符号以及语汇运用于现代的建筑创作中。淮南的汉风建筑不是简单的复古，而是带有明显的现代意识，用抽象、改造、移植等创作手段来实现的重构过程，是汉文化传统与当代社会的有机结合。浙江大学王洁团队在承担的《淮南城市特色和建筑色彩规划》中提出，淮南在现代城市建设中体现的汉文化包括两个层次：第一层次为物质形态的表达，往往直接体现在实在的城市和建筑中；第二层次为精神形态的表达，其往往不易把握，而且最终仍需借助具体的物质形式来传递信息。因此，淮南营造的汉风建筑，应该能够超越纷繁的形态表象，体现汉代建筑艺术的本质与精髓的"新汉风"建筑。淮南的汉风建筑所提倡和引导的汉代建筑符号、语言和精神，应该是适度的、有节制的并为当代淮南人民所接受的。

### 2. 时代需求的汉风建筑

从上述汉风建筑的实践概述中可以看到，汉风建筑创作基本可分为三种类型：①以复古为主的汉风建筑；②以传承为主、创新并重的汉风建筑；③以象征为主的汉风建筑。

对淮南而言，在不同的地点、不同的设计背景、不同的项目类型中，上述三种类型的汉风建筑都有或多或少的建设需求。第①种复古为主的汉风建筑，主要是基于考证基础上的古迹、历史名胜的复原或重建，在淮南很少出现。第②种汉风建筑适用于有特定历史环境保护要求的地段和有特殊文化要求的建筑创作。第③种汉风建筑适用于立足地域特色和城市文化环境、追求体现传统文化精髓的建筑创作，是淮南大力提倡并规模化建设的汉风建筑。

对淮南汉文化的深层次理解、认识和传承，应该是淮南汉风建筑产生的基础。同时，淮南的汉风建筑是顺应时代发展的适度的汉风建筑，我们称之为"新汉风"建筑。所以，淮南的"新汉风"建筑是在规划指定区域内，对汉代建筑艺术的表征和内涵进行地域化和现代化相结合的重构。

淮南"新汉风"建筑的重构仍然存在以传承建筑形式为主和以象征建筑精神为主两种倾向。传承建筑形式即强调"新汉风"建筑的传承性，在设计中较多运用汉代建筑中具有特征性和代表性的建筑形式和符号，并使其融进现代的功能和

环境中。象征建筑精神则更注重汉文化精神的反映，比较关注于对建筑本质与文化内涵的探求，建筑师利用深植于人们头脑中的汉文化价值观，结合当代科学技术，创造出体现特定的汉文化韵味的地域建筑。两者比较而言，象征为主的"新汉风"建筑不直接表现建筑形态上的相似，而是通过形式和符号的重构，诱发出一种联想，启发人们想象出建筑所要表现的大气、庄重等汉文化精神，以创新的方式达到现代和传统的对话。

同时，象征为主的"新汉风"建筑与传承为主的"新汉风"建筑是相对而言的；象征为主的"新汉风"建筑是在传承为主的"新汉风"建筑创作思想、方法的基础上衍生出来的。两者是由于建筑性质、其所处环境或其他制约因素的不同而最终形成的两种不同的"新汉风"建筑形式。对于这两类"新汉风"建筑的称谓不能以其外观和样式作为标准，而应以其创作思想、方法的来源作为参考。象征为主的"新汉风"建筑有更多的创作自由，建筑作品更多地运用现代建筑语言来体现时代特点，但在某些方面还积极地借鉴汉代建筑文化精髓或汉代建筑的形式及符号，以期体现城市文化和地域特色。

# 6.3 "新汉风"建筑体系的建构

### 6.3.1 "新汉风"的传承体系

#### 1. 如何确定需要传承的要素

因为汉代建筑主体在地面上已经绝迹，我们已经很难论证真正完全的"汉代建筑"。如果一味地强调各种汉代建筑要素本身的绝对继承，既体现不了对汉文化的尊重，也谈不上建筑创新。因此，我们首先要明确哪些汉代建筑的要素具有超越时代的生命力，能够在当代传承并得以应用和发展。具体可以考虑以下三个方面。

（1）汉代城市和建筑注重与周边环境的和谐共存，这与当今的可持续发展理论是一致的。因此，我们应该从建筑布局中寻找需要传承的要素。

（2）汉代建筑的外形与内在的结构之间、与实际的生活需要之间存在率直的

逻辑关系，这与现代建筑设计的基本原则是吻合的。因此，在汉代建筑形态、材料与色彩运用方面，有值得我们传承的要素。

（3）汉代建筑的装饰往往具有深刻的寓意，是汉代思想、文化和习俗的重要载体。现代建筑在装饰方面具有广泛的兼容性，可以恰当提取汉代建筑的装饰要素，有效地体现汉文化的内涵。

"新汉风"建筑创作不是拘泥于形式和内容上与汉代建筑的相似，而是要在内涵和气质上追求与时代和环境相和谐的汉风建筑。对汉代形式和特征的把握，从整体到局部，宜有浓有淡，有张有弛，才能给人以回味和想象。如果汉代符号运用太多，反而容易削弱建筑的表现力，显得僵硬而没有生气。而且汉代建筑形象的较多特性来自于细部特征，而这些细部营造方法在当代建筑中逐渐丧失。细部的消失与当代建筑材料的更替以及施工方法的改变有很大的关系。汉代建筑已经形成了以木材为主要建构材料的中国传统建筑体系，其反映的建筑文化特性的许多细部是由木构件组成的，各种木构件之间的关系自然而然地反映着建筑的特征。但随着当今科技的进步和材料的更替，越来越多预制构件的使用替代了木构件在建筑中的作用，而当代预制构件和新型的结构取代的往往是传统建筑中很多个木构件组合而成的部件。也就是说，现代的预制"大件"代替了原来的"小件组合"，细节在一定程度上丧失了。因此，"新汉风"建筑不提倡对木构建筑的细部把握。

### 2. 传承的主要内容

在具体的设计中，我们把在"新汉风"建筑中需要传承的汉代建筑要素分为以下三个方面。

（1）建筑布局

汉代建筑空间有其独特之处，通过考证其布局的特点，经过合理的提取和运用，可以探求汉文化的内涵。因此，需要从汉代建筑的空间布局入手，探求汉代传统空间的基本结构，创造"新汉风"建筑的布局特征。

（2）建筑形象

汉代的木构架建筑已渐趋成熟，其庄重、浑厚和刚健有力的气质是通过具体的建筑形象来体现的。我们可以从屋顶、屋身和台基三部分，分别探讨能够传承的、具有汉代建筑艺术特征的语言。

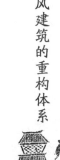

（3）色彩与装饰

建筑色彩和建筑形式一样，都是一定历史时期内的文化产物。建筑色彩在中国建筑文化中也是一种象征。它们既遵循建筑美学的原则，又受传统等级制度的制约。

建筑装饰包括室外和室内两个部分，是汉代建筑的重要组成部分。建筑装饰除了实用功能之外，往往还含有深刻的寓意，是文化、习俗和语义的重要载体，也是建筑精神意义的延展。建筑装饰具有广泛的兼容性，恰当地运用汉代装饰，可以有效地体现汉文化的内涵。

### 6.3.2 "新汉风"的创新体系

继承与创新的关系多年来一直是地域建筑设计关注的焦点。无论汉风建筑模仿得多么惟妙惟肖，它的材料、建筑形式必然带有今天的印迹。因此，汉风建筑有继承历史、溶入现代的双重要求。"新汉风"建筑的特征之一就是创造性地继承与发展汉代建筑艺术中精华的、至今仍有活力的部分，更好地塑造淮南城市风貌特色。

"新汉风"建筑必须从形式和内涵两个层面来继承和延续汉文化，让人有既旧且新的意韵，才能使汉文化永葆生命活力。因此，"新汉风"建筑是对汉代建筑内涵的理性传承，需要尊重环境、尊重历史背景、尊重生活习俗和满足现代生活需求。"新汉风"建筑既含有汉代建筑的某些特征，又与其保持距离，表现出创造性。从语言学的观点看，就是语言的稳定性和变易性的关系。因此，对汉代建筑符号需要通过变体、解构、重构等方式，完成形式上的差异性转变。关于如何进行汉代建筑符号的重构，详见第七章。

### 6.3.3 "新汉风"的协调体系

"新汉风"建筑创作不仅要求建筑师运用汉代符号的技能和创新精神，更要求建筑师处理好传承和创新的度，处理好两者之间的协调关系。因此，需要从以下几个方面进行协调。

#### 1. 与城市环境的协调

"新汉风"建筑创作首先要注重与淮南城市空间的关系，在具体的"新汉风"

汉风建筑 de 诠释与重构

建筑创作中，不仅要考虑周围建筑的体型、色彩、空间关系的影响，更重要的是要整体把握淮南不同区域的特点。城市环境中单个的"新汉风"建筑往往汉代建筑形象并不鲜明，需要以群体建筑所形成的汉文化氛围，才能形成统一的风格，具有显著的特色。因此，淮南"新汉风"建筑应当依据城市原有环境的状况，把提取的历史文化要素积极融合到已有环境中。例如，在建筑群或建筑单体的总体布局中，将中轴对称、序列空间与现代庭院、现有环境有机结合，形成新的空间序列和富有传统文化的特色空间。

### 2. 与现代技术的协调

当代先进的建筑结构技术和多种多样的建筑材料与汉代已经有天壤之别。"新汉风"建筑要将汉代建筑符号融会到现代建筑的语境中，需要用现代技术、现代结构形式和现代材料来表现汉代建筑的某些特征。例如，"新汉风"建筑较多应用于文化建筑的设计中，这一类型的建筑通常会有大跨度空间，古代的木结构是不能满足这类建筑的当代需求的。在处理这类问题时，需要将汉代建筑形式与现代技术相结合，创作出满足当代功能需求的"新汉风"建筑。

### 3. 传统与现代的协调

尊重历史文脉绝不是对过往的一味模仿，而是要起到承前启后的作用。城市历史文化资源可以让我们不时从传统化、地方化、民间化的内容和形式中找到自己文化的特点。需要站在时代的高度，把传统建筑修养与现代建筑意识完美融合。

## 6.3.4 "新汉风"的评价体系

首先，"新汉风"建筑不是简单的汉代仿古建筑，它应该是大气磅礴、厚重庄严的汉代建筑艺术与现代功能技术的和谐统一。因此，"新汉风"建筑是将"传统的汉文化"与"当代的全球文化"化冲突为整合的创作过程。

其次，在表现汉代建筑富有特征的外观形象上，对建筑形态的处理不是直接的模仿，而是将汉代建筑形象的特征经过艺术的处理和重构，创造性地表现出来。因此，"新汉风"建筑具有"新"的特征。

最后，在充分认识汉文化的背景、时空环境及其文化传承的基础上，抓住汉代建筑艺术的特征要素，才能准确表现"新汉风"建筑的文化气质。因此，"新汉风"

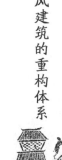

建筑又具有"汉"的特征。

淮南"新汉风"建筑的创作是一个传承与创新并重的动态发展过程：传承是保持汉文化特征的基础，创新则是赋予其活力的源泉。结合上述"新汉风"建筑的基本特征，得出"新汉风"建筑创作的评价体系（见图6-18），主要包含以下三个方面。

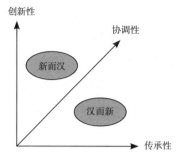

◇ 图6-18 淮南"新汉风"建筑评价体系

评价系统的第一方面是"传承性"，主要评价该建筑是否很好地传承了汉代建筑艺术的形态和神韵；第二方面是"创新性"，评价该建筑是否具有基于汉文化的创新理念和重构手法；第三方面是"协调性"，主要评价该建筑是否能整体协调传承和创新两个方面的形式和内容，达到体现汉代建筑艺术的形态和精髓的标准。

### 6.3.5 "新汉风"建筑的适用范围

由于淮南汉文化积累的特点还不是非常明显，而且在中国现代城市建设中又没有完整体现汉文化的建筑设计理念和建筑大师的优秀作品系列。因此，在淮南市创建"新汉风"建筑需要谨慎对待，应该在考虑整体布局的基础上，划出一定的"新汉风"建筑适用区域范围。

这个适用范围首先表现在城市规划上。现在淮南市内大多是现代建筑，规划建设"新汉风"建筑应该合理确定区域范围，使"新汉风"建筑的布局相对集中，利用规模效应，形成汉文化氛围。即在具体的规划布局中，要划定一些适当的节点和地段，在必要的时空中体现"新汉风"特色。

根据第五章淮南的城市特色营建策略，以及淮南市营建汉文化的原则、方针和方法，我们划定了一些适宜创建"新汉风"建筑的地块和地段。这些地块和地段反映的汉文化特征可以有强有弱，目的是可以利用规模效应，形成较为浓厚的汉文化区域。其类型主要分为以下几类。

（1）汉代遗迹影响区

最大范围首先是淮南王刘安曾经隐居过的八公山一带，其次是淮南市域范围内的汉墓发掘地及其周边地区。

（2）历史文化片区

淮南市域范围内有战国"四君子"之一的春申君黄歇、赵国大将廉颇等历史人物的古墓群，这些历史人物所处的时代与汉代相隔不远，在其范围内宜建设"新汉风"建筑群，并注意历史文化片区与周边现代建筑风貌的和谐共存。

（3）当代淮南市的风貌特色区

当代淮南市的风貌特色区主要是指舜耕山脚下的淮南市大汉城一带、东部城区的龙湖公园一带以及某些特色片区。

图 6-19 所示的是淮南市"新汉风"建筑的适用范围布局图。建议采用区是上述三类地块和地段的具体位置；在建议采用区内的建筑宜采用"新汉风"风格。建议采用区的周边是适宜采用区，是"新汉风"建筑和现代城市的过渡区。该区内的建筑应根据建筑功能、地块整体风格来决定是否采用"新汉风"风格。淮南的新建建筑若不在上述范围内，建筑性质也无特别需要，则基本采用现代风格。现代风格是可以作为背景的较弱的风格，较易与其他建筑风格取得协调。

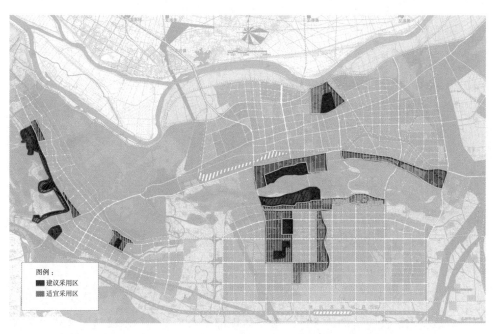

图例：
■ 建议采用区
▨ 适宜采用区

◇ 图 6-19　淮南"新汉风"建筑的适用范围布局图

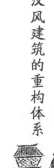

### 6.3.6 "新汉风"的适用建筑类型

#### 1. 五大适用类型

淮南"新汉风"建筑是一种全球化语境下的地域建筑创作，是汉文化传统与当代社会的有机结合，并不是所有建筑都适宜采用"新汉风"风格。具体而言，根据建筑的功能定位以及在淮南城市中的定位，我们建议以下五类建筑为适用"新汉风"的建筑类型。

第一类是与汉文化遗存密切相关的建筑。其主要是指在淮南地区挖掘出来的汉墓墓址周边建造相关的保护性或展示性建筑；或者是指为纪念在楚汉时期与淮南密切相关的著名人物的纪念馆，如淮南王纪念馆、春申君纪念馆等。这类建筑在淮南市域范围内较少，建筑体量一般也较小，应该突出汉风建筑的传承性。

第二类是彰显汉文化的重点规划项目。例如，前述的当前正在推进的淮南大汉城、淮南豆腐文化园以及淮南子文化园等。

第三类是反映城市文化的公共建筑。其主要有淮南市博物馆、淮南市图书馆、淮南市美术馆、淮南市文化宫和汉凰阁等。文化类建筑担当着彰显城市文化和精神的重任，要做到传统与现代的结合、传承与创造的把握等。

第四类是反映城市文化的园林类环境建筑。其主要指位于各类公园、城市绿廊、街头绿地以及各种广场的茶室、咖啡屋和休息亭等小体量建筑。

第五类是在特殊地段需要反映汉文化的居住建筑和办公建筑。这个特殊地段主要指如图 6-19 标示的建议采用区和适宜采用区，建筑设计也应以创新为主、传承为辅。

#### 2. 五大适用类型的重构定位

淮南"新汉风"建筑象征性地利用汉代建筑符号进行创作应该较易为大众所接受。在具体设计定位时，要考虑人们审美心理的时代性，即要兼顾传统的意味和现代的审美。

（1）与汉文化遗存密切相关的建筑的重构定位

与汉文化遗存密切相关的建筑在淮南市域范围内较少，建筑体量一般也较小，应该突出汉代建筑的传承性，整体体现以传承为主的"新汉风"风格。该类"新汉风"建筑应该较多从传承方面来进行重构设计，但要注意其在采用现代建筑结构和现代材料后，与汉代建筑形象的协调性。该类建筑在建筑布局、总体形象、色彩和装饰等方面都应该重视汉文化的传承性，在具体设计中可较多采用表4-10和表4-11所列的传承符号。

所以，该类建筑的评价标准应该较多从传承方面的优劣性来评价设计作品，以合理应用汉代建筑传承符号的作品为佳。该类建筑的创新层面较多体现在与现代技术的协调方面，如在建筑结构上可采用现代的钢筋混凝土和钢结构体系，在建筑材料上也可采用一些外观质朴的新型建材，但在建材的色彩上仍以传承为主。在协调方面，这类建筑在淮南一般处于城郊，且体量不大，容易融于周边自然环境和城市环境。但要注意在采用现代建筑结构和现代材料后，与汉代建筑形象的协调性。

（2）彰显汉文化的重点规划项目的重构定位

彰显汉文化的重点规划项目一般与淮南汉文化资源密切相关，建设规模较大，对淮南"新汉风"建筑创作具有重大的影响。该类项目需要开拓和探索淮南"新汉风"建筑创作的新形式，传递具有汉文化内涵的时代作品。这些重点项目一般由若干个建筑组群构成，对"新汉风"风格的把握从整体到局部宜有浓有淡、有张有弛，才能给人以回味和想象。如果所有的建筑组群都全盘运用汉代的特征要素，反而容易造成审美疲劳，使整体项目显得单一而没有生气。应该根据每组建筑在项目中的定位、重要性和功能等因素，决定传承与创新的比重。对重要建筑和建筑群，宜以传承为主，甚至应该采用一些汉代建筑形象的细部特征。而对于次要建筑、辅助建筑和建筑群，则要重视与现代城市生活、现代技术条件相结合，宜采用简化和抽象的"新汉风"风格。

重要建筑群应该将体现汉代建筑艺术的形式和内涵的表达作为创作目标。宜采取传承与创新并重的创作手法，需要建筑师的不断努力和认真推敲，达到两者完美的协调。具体而言，该类建筑的评价较侧重汉代建筑形象和本质的传承，以创造既具有汉代建筑形象和内涵，又富有时代精神的建筑为佳。在建筑结构的创新方面，可以利用现代钢筋混凝土或者钢结构来营造汉代气势宏伟的大跨度空间以及高台形象。但需要重视创新体系和传承体系的整体协调。

次要建筑群以创造性地重构汉代建筑形象和内涵，有益于促进"新汉风"建筑的创造为佳。同时，次要建筑群是以传承为主的"新汉风"重要建筑群与周边

现代建筑之间的过渡，特别需要重视两种建筑风格的过渡和协调。在与现代技术的协调方面，要鼓励创新；在建筑材料方面，要在整体体现传统韵味的基础上赋予建筑以时代的气息。例如，选择质朴大气的材料，同时配以玻璃、钢等现代建筑材料，达到传统与现代的协调。

（3）文化类公共建筑的重构定位

文化类公共建筑宜强调传承汉文化的精神和内涵，可以采用以象征为主的"新汉风"风格。例如，主体建筑群宜采用各种形式的轴线布局方式，次要建筑群的布置可以相对灵活。文化类公共建筑宜采用特征性的、少量的汉代建筑符号来体现汉文化意向。虽然通过建筑的形态、结构和色彩等要素对汉代建筑进行模仿是连接现代与过去最直接且最简单的途径。但该类"新汉风"建筑的风格不仅表现在建筑的外形，更要体现在由此形成的整体空间环境和意境。它是建筑思想、人文环境的综合体现，是该类"新汉风"建筑的灵魂。在建筑结构和材料的创新方面，可以利用现代结构形式以及合适的新材料来满足现代文化类建筑的室内外环境；在建筑室内外装饰方面，宜适度采用汉代装饰符号。

对该类建筑的评价标准是：在图6-19划定范围内的文化类公共建筑，以创造性地表达和强调汉代建筑的形式和内涵为佳；非划定范围内的文化建筑，也鼓励探索用抽象的汉代建筑语言来表达淮南的城市文化，但要符合当代的审美需求。在建筑设计中，建筑师需要将对传统文化的感悟和创造的热情侧重于汉文化内涵的创作中，并通过汉代建筑符号的多样重构进行全新的诠释。在建筑材料和色彩方面，以整体体现大气、质朴和端庄的神韵为佳；在建筑装饰方面，可以以汉代装饰为母题，通过再次创作来达到当代的审美需求。

（4）园林类环境建筑的重构定位

园林类环境建筑如果处于图6-19所规定的"新汉风"建筑适用范围内，则根据周边环境的氛围和设计要求，采用或浓或淡的"新汉风"风格。以传承为主的该类建筑可以合理采用汉代建筑的各种符号，在建筑布局、总体形象、色彩和装饰等方面重视汉代建筑形象和内涵的传承。以创新为主的该类建筑要注意采用现代建筑结构和现代材料后，与汉代建筑形象的协调性。

针对该类建筑的评价标准是：以传承为主的环境建筑以再现汉代建筑形象和

汉风建筑
de筑
诠释与重构

内涵为佳；以创新为主的环境建筑以象征性地表达汉代建筑的精神为佳。

（5）传承文化的居住建筑和办公建筑的重构定位

该类建筑如果处于图6-19所划定的"新汉风"建筑适用范围内，宜根据周边环境的氛围和规划要求，采用以创新为主的"新汉风"风格。对小体量的该类建筑，例如，别墅建筑宜采用四阿顶、石材和木材等要素来营造"新汉风"风格。多层居住建筑在满足现代功能和审美的前提下，宜在底层和屋顶处适度体现"新汉风"风格。但高层住宅或办公建筑宜象征性地采用"新汉风"风格，要特别重视与周边环境的协调，重视汉代建筑语言与现代大体量空间的协调。建议在满足现代结构、功能和审美的前提下，在裙房和屋顶处适度采用重构的汉代建筑符号。整体而言，该类建筑以满足现代功能，通过采用特征性的、少量的汉代建筑符号来创造性地表达汉代建筑神韵为佳。

## 参考文献

董大鹏. 汉代建筑文脉对徐州地区现代建筑创作发展的关系研究. 合肥工业大学硕士学位论文，2009.

杜辉. 建筑材料的地域性表达方法研究——追寻材料的"本"与"真". 厦门大学硕士学位论文，2009.

李敏. 汉代建筑形式对古风建筑设计的启示和借鉴. 西安建筑科技大学学报：自然科学版，2000，3.

刘怀英. 汉代绘画的色彩观. 艺术百家，2008，3.

莫修权. 尊重历史脉创造时代精神——徐州博物馆设计评述. 华中建筑，2001，1.

祁斌. 徐州水下兵马俑博物馆、汉文化艺术馆. 建筑学报，2006，7.

王文莉，范力夫. 现代建筑汉朝风格——浅谈南阳汉画馆建筑艺术创作艺术创作构思. 中州建筑，1997，1.

王文莉，范立夫. 现代建筑，汉代风格. 中州建筑，1997，1.

吴良镛，张悦. 基于历史文化内涵的曲阜孔子研究院建筑空间创造. 空间结构，2009，4.

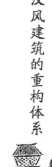

吴良镛．曲阜孔子研究院的设计实践与体会．建筑学报，2000，7.

谢列场．从意境的角度探索当代纪念性建筑的表情．合肥工业大学硕士学位论文，2009.

邢瑜．对传统与现代的再思考．安徽建筑，2004，6.

徐跃家，韩默．居住建筑设计中风环境利用及其意义．山西建筑，2008，32.

许洁．西安"新唐风"建筑评析．西安建筑科技大学硕士学位论文，2006.

张钊．合肥地区传统建筑文脉在当代建筑创作中的借鉴与发展研究．合肥工业大学硕士学位论文，2009.

周学鹰．徐州市域的"两汉建筑文化"．同济大学学报：社会科学版，2002，2.

汉风建筑 de 诠释与重构

# 第七章　淮南汉风建筑的重构引导

汉代建筑以其博大的气势，粗犷、浑厚和刚健有力的气质，形成了中国早期封建时期建筑的特殊风格。"新汉风"建筑就是要重构和表达具有代表性的汉代建筑语言作为建筑创作的题材。设计者要想使自己的作品能够被他人真正理解，就必须选择恰当的汉代建筑语言并遵守一定的法则进行重构，如恰如其分的置换变形、有意识地改变符号的常规组合关系等，创造出新颖的"新汉风"作品。我们认为传统符号的提炼、组合和重构是大量性建筑文化表达的基本手法。本章将阐述如何应用汉代建筑符号来体现汉文化精神。

## 7.1　平面布局类符号的重构引导

### 7.1.1　阙的设计引导

（1）传承汉阙的基本形式，但可适当调整阙的位置来进行重构，如布置在广场、商业街的主轴线上等。

（2）传承汉阙在总平面布局中的位置，但可适当简化汉阙的形式来进行重构，也可以用其他文化元素（如鼎、香炉、石狮等）进行重构。

例如，湖北省博物馆通过主入口处左右两个门楼充当阙，采用中轴线对称形式、建筑群方正布局等语言，突出了汉风建筑的庄严和大气（见图7-1）。

◇ 图 7-1　湖北省博物馆鸟瞰图

### 7.1.2　轴线的设计引导

（1）一字形轴线是各种轴线语言的原型，根据一字形轴线两侧建筑的布置的实际需要，可以演变为十字形轴线、丰字形轴线等，形成强烈的序列感。

（2）在带有开敞的前广场的文化建筑群中，如需要突出某一建筑单体的重要性，建议可采用重构的品字形的布局方式。

例如，南阳汉画馆的平面布局就是通过十字形轴线和品字形平面创造性地重构和组合形成。

（3）建议"新汉风"建筑把主要建筑依次排布在主轴线上，次要建筑布置在辅助轴线上。如表 7-1 所示的是在一些地域建筑设计中，对各种轴线的重构式应用。

表 7-1　各种轴线的重构应用

| 传承的符号 | 建筑意向 |
|---|---|
| 轴线对称<br><br>一字形轴线<br><br>十字形轴线<br><br>丰字形轴线 |  |

### 7.1.3　明堂辟雍格局的设计引导

明堂辟雍格局在现代建筑，特别是文化建筑中的重构体现为圆形和方形平面的组合应用，建议可采取以下几种方式。

（1）直接沿用传统明堂辟雍的布局，即场地设计为圆形，建筑平面采用方形。

（2）在圆形场地、方形建筑的布局中，适当创新，可以在方形的屋顶、立面等处再加入圆形要素。

（3）圆形场地演变为圆形台基，沿用方形建筑。这样在明堂辟雍格局的基础上，又有高台建筑的庄严。

由于方圆结合的形式在古代中国被认为具有与天地相似的属性，是天地的象征。"象天法地"的思想形成了中国按照天地的形象来构筑建筑的传统。表7-2所示的是利用这种格局进行重构的建筑创作。

表 7-2　明堂辟雍格局的重构应用

| 传承的符号 | 建筑意向 |
|---|---|
| 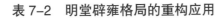明堂辟雍 | 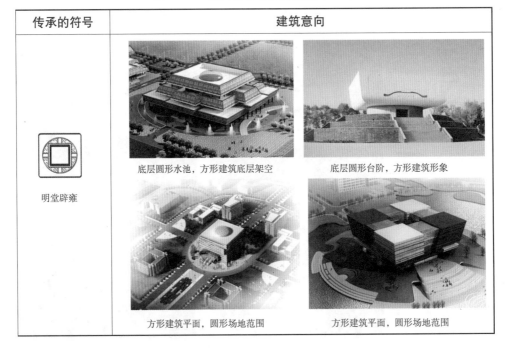底层圆形水池，方形建筑底层架空　　底层圆形台阶，方形建筑形象　　方形建筑平面，圆形场地范围　　方形建筑平面，圆形场地范围 |

### 7.1.4　方形平面的设计引导

（1）单纯的方形平面在现代建筑中已经很难满足多种功能需要，根据具体需求可将方形叠加组合形成新的平面形式。

（2）在满足功能的前提下，有些重要的文化建筑宜使用正方形平面。这种平面类似汉代礼制建筑，能增加建筑的文化气息。如图 7-2 所示是利用正方形平面进行的建筑创作案例。

正方形平面　　应用

◇　图 7-2　正方形平面符号的应用

242

### 7.1.5  圆形平面的设计引导

（1）圆形的建筑平面可较多用于大型建筑，如展览类建筑。

（2）圆形的建筑平面可以经过断开、错位等重构手法与建筑功能相融合。

如图 7-3 所示是利用圆形平面进行的建筑创作案例。

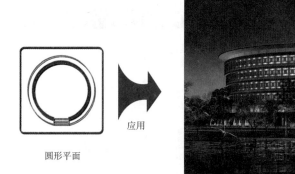

圆形平面          应用

◇ 图 7-3  圆形平面符号的应用

# 7.2  建筑形态类符号的重构引导

### 7.2.1  屋顶符号的设计引导

**1. 四阿顶的设计引导**

（1）四阿顶作为汉代建筑的特征语言，在主体建筑需要突出汉文化氛围时，建议采用"四阿顶"的形式。

（2）"四阿顶"的重构方式可以是改变"四阿顶"的尺度和位置。如可以把基本不需要开窗的建筑主体整体设计为"四阿顶"的形式，营造大气、雄壮的汉文化氛围,加强建筑的古朴感与现代感。或者将"四阿顶"和建筑主体形象的"收分"相结合，既传承汉文化，又创造建筑个性化特征。

如图 7-4 所示是利用四阿顶符号进行重构的建筑创作。

◇ 图7-4　四阿顶符号的重构应用（将四阿顶巨大化，作为建筑主体形象）

### 2. 悬山顶的设计引导

（1）悬山顶一般适用于次要建筑或辅助建筑。

（2）在以象征为主的"新汉风"建筑中，也可以采用错位、断开等重构手法，再配合玻璃和钢材等现代建筑材料，实现符号的现代演绎。

### 3. 斗栱的设计引导

（1）传承斗栱的形式，但材料可用石材和混凝土等，并放大尺度来体现汉风建筑特色（见图7-5）。

（2）传承斗栱设置的位置，但适度改变斗栱的形式，起到结构和装饰作用。

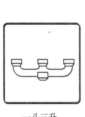

一斗三升

应用

◇ 图7-5　斗栱符号的应用

### 7.2.2 墙身符号的设计引导

**1. 收分符号的设计引导**

（1）墙身的收分在技术上是为了增强稳定性，在美学上则使建筑表现出深沉、雄伟和力量，可以广泛应用在各类"新汉风"建筑中。

（2）继承汉代建筑形象，将墙身做成收分形式，配合四阿顶和高大台基。

（3）将有收分的墙身扩大为整个建筑的体量。材质上采用厚重的石材，色彩上采用暗红色和灰白色，以保证建筑的体量感和厚重感。

如表 7-3 所示的是利用收分符号进行重构的设计。

**表 7-3　墙身收分符号的重构应用**

| 传承的符号 | 建筑意向 |
|---|---|
| 墙身收分 |  |

**2. 门窗符号的设计引导**

（1）直棂窗、横棂窗和菱形窗可以采用正常尺度，用于现代建筑中。

（2）直棂窗、横棂窗和菱形窗可以采用放大的尺度，如图 7-6 所示的是其用于现代办公建筑的表层设计中的案例。

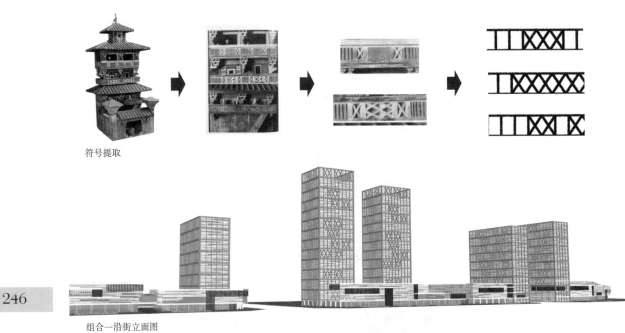

符号提取

组合一沿街立面图

组合二沿街立面图

组合三沿街立面图

汉风建筑de诠释与重构

◇ 图 7-6　门窗符号应用于现代办公建筑的表层

### 7.2.3 高台符号的设计引导

（1）传承汉代的高台样式，将重要建筑放在高台上以增加它们的气势，适当创新高台的建筑形式，整体打造"新汉风"建筑特色。

（2）扩大高台的范围，将分散的建筑统一为一个整体。

（3）高台和墙身融合为一体，有收分的墙身也可以看作高大台基，体现出建筑的气势。

如表 7-4 所示的是高台符号在现代建筑设计中的各种应用。

表 7-4　高台符号的重构应用

| 传承的符号 | 建筑意向 |
|---|---|
| 高台 |  |

# 7.3 装饰和色彩类符号的重构引导

## 7.3.1 装饰符号的设计引导

（1）代表性装饰符号可以较多应用在"新汉风"建筑的立面以及室内任何位置。

（2）在充分理解和认真选择符号的基础上，对装饰符号的重构方法宜采用简化、改造和抽象方法，使其融装饰、结构、材料和功能为一体，以此表现汉文化特色和时代特色。

（3）可以将几个装饰符号重新变形组合。

（4）装饰符号可以运用于城市公共雕塑、景观小品等，其形式美感和材料质地要与现代环境氛围相协调。

如表 7-5 所示的是装饰符号应用于表皮的案例。

表 7-5 装饰符号的各种重构应用

### 7.3.2 色彩符号的设计引导

（1）白色、灰色、暗红色和土黄色等汉代建筑色彩符号可以应用于各种功能的建筑。例如，土黄色是夯土的颜色，建议用土黄色石材代替夯土，营造汉文化气息。

（2）各种灰色调搭配暗红色和白色，能较好体现汉代建筑特征。以传承为主的"新汉风"建筑和以象征为主的"新汉风"建筑，都需要采用汉代建筑色彩符号。

如图 7-7 所示的是色彩符号在现代居住建筑方案中的应用。

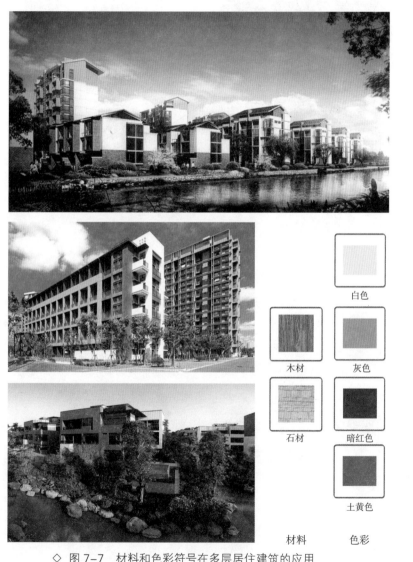

◇ 图 7-7 材料和色彩符号在多层居住建筑的应用

第七章 淮南汉风建筑的重构引导

高层居住建筑如果处于如图 6-19 划定的"新汉风"建设范围，则根据周边环境的氛围和规划要求，可采用以象征为主的"新汉风"风格。但要特别重视与周边城市环境的协调，重视汉代建筑语言与现代大体量空间的协调。建议通过建筑色彩体现汉文化韵味。如图 7-8 所示的高层建筑就是采用赤色和黑色这两种颜色进行的设计。

汉代帝王服饰　　　　　　　鸟瞰图

裙房透视

◇　图 7-8　色彩符号在高层居住的应用

## 7.4　各种符号的组合和重构引导

"新汉风"建筑通过选择不同的符号，来表达设计理念和传承汉文化精神。设计中对汉文化的诠释和创造是评价设计的一个重要标准。符号具有两个重要方面，一方面是它的能指——即形式，另一方面是它的所指——即意义。符号就是通过它的形式和形式的组合来表征某种意义。

本书第四章提取的三种类型的符号中，因为符号的组合应用加强了建筑的汉文化韵味，有一些符号组合应用出现的频率较高。如表 7-6 所示的为四阿顶、墙身收分、高台和石材这四种符号的组合应用。如表 7-7 所示的是清华大学建筑设计研究院设计的某多功能会议中心的方案。其设计理念是历史文化与城市环境的交织，突出"新汉风"的文化气质和雄浑大气风格。

表 7-6　多个符号的组合应用

| 同时出现的符号 | 建筑意向 |
|---|---|
| 同时使用频率较多的符号 | 四阿顶<br>+<br>墙身收分<br>+<br>高台<br>+<br>石材 |  |

表 7-7　布局和形象符号的组合应用

| 同时出现的符号 | 建筑意向 |
|---|---|
| 同时使用频率较多的符号 | 入口设阙<br>+<br>十字形轴线<br>+<br>墙身收分 | 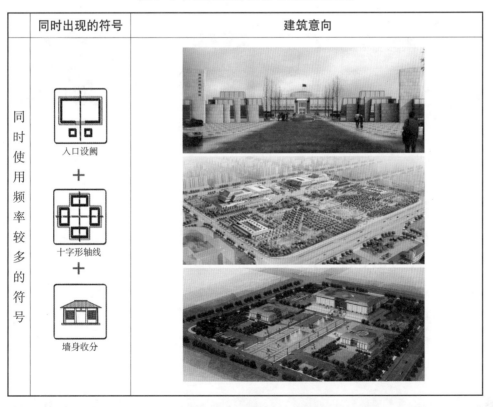 |

第七章　淮南汉风建筑的重构引导

# 7.5 重构案例

## 7.5.1 城市家具设计

### 1. 标识系统

城市家具系统设计首先要有一套统一的城市公共环境标识。该标识系统采用汉代初期较为通用的字体，用阳刻表现图例，连成一组淮南市公共设施的标识系统。全部标识采用汉代最常用的颜色之———红色（见图7-9）。

公共厕所（男士）　　公共厕所（女士）　　公共厕所（专用）

垃圾箱　　　　　　　座椅　　　　　　　　闻讯处

变电箱　　　　　　　公用电话　　　　　　邮政信箱

◇ 图7-9　淮南市标示系统的设计

### 2. 城市家具系列

（1）符号提取

汉代帷帐的内容十分广泛，它包括在室外临时作墙屏的步障，以及承以支架并覆以织物而形成的放在室外或室内的小型建筑。其功能是遮风挡雨、防寒保暖，并突出使用者的尊贵地位。由于帷帐构架简单，形态较小，适合运用于淮南市"新汉风"城市家具的设计之中。如图7-10所示是提取的帷帐符号。

汉代的装饰图样丰富多彩，大多数来自于出土明器以及画像砖石，图像的内容多反映现实题材，形象生动。在淮南市"新汉风"城市家具的设计中，提取汉代相对具有几何感的图样作为基本图案，便于组合运用（见图7-11）。

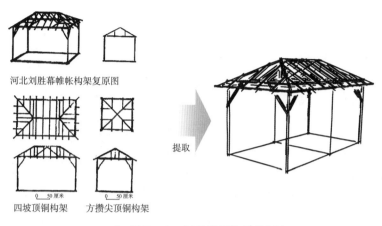

河北刘胜幕帷帐构架复原图

提取

四坡顶铜构架　　方攒尖顶铜构架

◇ 图7-10　汉代帷帐符号的提取

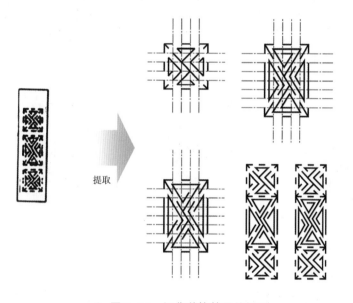

提取

◇ 图7-11　汉代装饰符号的提取

（2）应用成果

以3米×3米或者3米×5.4米作为城市家具的基本尺寸，在其中安排休息座椅、电话、邮政投递、信息问讯、公共厕所等内容。其可单独置于城市之中，也可以依照汉式建筑平面布局与围合方式予以组合（见图7-12）。

第七章　淮南汉风建筑的重构引导

# ■ 设计成果

## □ 基本立面材质

## □ 组合式城市家具——基本单元

**垃圾箱**

**信息问讯处**

汉风建筑 de 诠释与重构

**电话亭&邮政明信片**

**公共厕所&专用厕所**

◇ 图 7-12 淮南市"新汉风"系列城市家具设计

第七章 淮南汉风建筑的重构引导

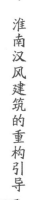

### 7.5.2 汉墓博物馆设计

如图 7-13 所示的汉墓群由 14 座墓葬组成，分为两种形制：一种为长方形土坑竖穴墓，共 8 座；另一种为长方形单室砖墓，共 6 座。其秉持"保护为主、设计为辅"的理念，按照墓葬群的分布来划分新建筑群落空间。在墓穴较为集中或单个墓穴有较高考古和观赏价值处，规划建造较大的室内展览空间；将疏散墓穴或考古价值较低的墓穴考虑设置为室外展览空间，作景观小品之用（见图 7-14）。

如图 7-15 所示汉墓博物馆的建筑形象为攒尖顶符号的变异，材料为木材结合玻璃。同时，将攒尖顶的倒三角元素作为景观设计的主要元素，既能使整体设计风格统一，又能很好地满足景观的功能需要。

图 7-16 是汉墓博物馆的流线图。行人在入口广场通过地下通道进入 1 号大展厅，然后可通过玻璃长廊向上进入室外中心广场后从地面进入 2 号展厅，或由地下空间进入 2 号展厅，2 号展厅与 3 号展厅是相连的，参观完 3 号展厅后或可进入室外小广场，或由展厅内部地下通道进入 4 号大展厅，4 号大展厅有地下通道可通往 1 号展厅的接待大堂。

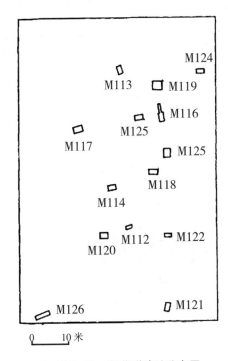

◇ 图 7-13　汉墓群遗址分布图

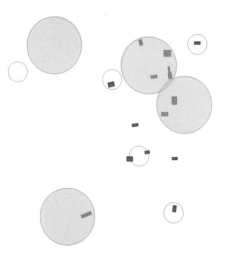

◇ 图 7-14　汉墓博物馆平面图

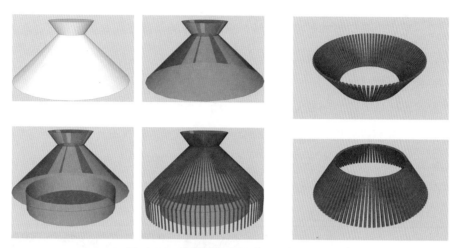

◇ 图 7-15　汉墓博物馆的建筑形象和景观元素

◇ 图 7-16　淮南市汉墓博物馆流线图

### 7.5.3　综合应用——玉琮系列设计

#### 1. 玉琮的功能与意义

（1）玉琮为祭祀用的大礼器之一，它与玉璧、玉圭、玉璋、玉璜和玉琥被统称为"六器"，为我国古代重要礼器之一。玉琮是统治阶级祭祀苍茫大地的礼器，也是巫师通神的法器。玉琮的造型是内圆（孔）外方，以印证"璧圆象天，琮方

象地"之说。①

（2）玉琮也是权势和财富的象征。放置玉琮的墓葬往往有如下特征：墓葬规格高，规模大，随葬品较丰富；墓主人多为男性等。②

### 2. 设计概述

本次设计从玉琮的形象入手，通过穿插、变异和并置等重构手法对玉琮符号进行变化设计，试图将这一符号融入淮南市的"新汉风"建筑设计之中（见表7-8）。

在建筑设计中，将玉琮的应用分成建筑构件、建筑主体和建筑群三个层次，用玉琮不同的组合方式来诠释三个层次的应用。

**表7-8　玉琮符号的重构手法**

| 照片 | 玉琮的造型是内圆（孔）外方，印证"璧圆象天，琮方象地" | | | | |
|---|---|---|---|---|---|
| 抽象 | 对玉琮的外形特点进行提炼，抽象出玉琮立面和平面的特征，为重构做准备 | | | | |
| 穿插 | 将以玉琮为原型的体块插入建筑体块中，或将建筑体块插入玉琮形状的体块中，形成现代和传统的对话 | | | | |
| 变异 | 在一个玉琮的内部，进行减法、加法和错位等变异处理，使之适用于现代空间 | | | | |
| 并置 | 将多个玉琮并置，通过大小和排列方式的变化，塑造建筑外形 | | | | |

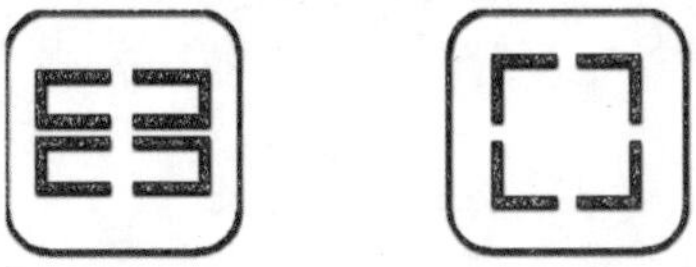

① http://www.kaoguhui.cn.
② http://baike.soso.com/v45565.htm.

汉风建筑de诠释与重构

### 3. 玉琮符号的运用

（1）高层建筑

如图 7-17 所示的是应用玉琮符号设计的高层建筑主楼。因为该高层建筑处于沿街的中心地段，需要作为区域的视觉中心，所以通过叠加和变异方式，将玉琮在垂直方向作多次复制，形成高层建筑主体。因此，单栋建筑带有传统建筑的庄严感，与玉琮本身作为礼制功能相协调；而两栋高层之间又有一定的错位和扭转关系，体现了现代建筑的动感和活泼；并与水平方向的现代风格的裙房形成对比和呼应，体现了古今的对话与传承。

如图 7-18 所示的是玉琮符号在高层建筑的另一种运用，用玉琮来构成高层酒店的裙房和顶部。从总体上来看，玉琮符号一底一顶，使建筑形成类似传统建筑的纵向三段式划分。

◇ 图 7-17　玉琮符号在高层建筑的应用

◇ 图7-18  玉琮符号在高层建筑的另一种应用

在裙房部分，运用错位和变异手法，将玉琮的两段进行错位和偏移。从建筑整体形象设计来说，在端庄稳重中有一定的现代感；从功能上来说，使建筑在临湖面形成了大面积的退台，建筑和湖面之间形成对话关系，也扩大了临湖的景观面。在建筑顶部，运用并置的手法，将玉琮按照九宫格方式排列，形成9个两层空间，可以作为酒店的顶层豪华套房。此建筑正是通过将玉琮符号置入到现代建筑之中，体现了"新汉风"建筑的特点。

（2）多层建筑

在多层建筑设计中，对玉琮符号进行进一步的提取和抽象。首先，在表皮的处理上，不再直接模仿玉琮的表皮，而是通过对篆体文字进行拼接和简化，形成金属构架的表皮。通过传统符号与现代建筑材料的融合，表现以象征为主的"新汉风"特点。其次，在外形上，抓住玉琮"方"和"圆"的形象特征，舍弃次要的元素（比如凹凸和装饰），使建筑体量更加简洁（见图7-19）。

在组合关系上，把裙房做成如地形起伏一般的造型，然后将主体建筑插在裙房之上，形成类似玉琮嵌在坡地上的感觉（见图7-20）。

◇ 图 7-19 玉琮符号在多层建筑的应用

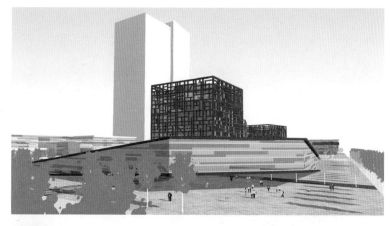

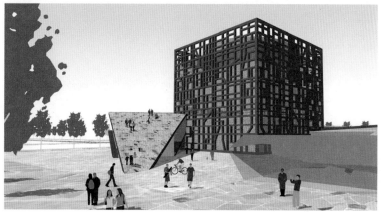

◇ 图 7-20 多层建筑群中展现的玉琮符号

第七章 淮南汉风建筑的重构引导

## 参考文献

刘怀英. 汉代绘画的色彩观. 艺术百家，2008，3.

全球化背景下面向地域文化的城市与建筑设计——淮南市"新汉风"建筑的研究
与探索（本文）. 2007，7.

# 图表目录

图 1-5（1） 居姆赛的机器人大厦 来源：20 世纪世界建筑精品集锦（1900—1999 年）第十卷 东南亚与大洋洲．总编辑：K．弗兰姆普敦．副总编辑：张钦楠．本卷主编：关肇邺，吴耀东．北京：中国建筑工业出版社，1999.

图 1-5（2） 居姆赛的科学馆 来源：来源：20 世纪世界建筑精品集锦（1900—1999 年）第十卷 东南亚与大洋洲．总编辑：K．弗兰姆普敦．副总编辑：张钦楠．本卷主编：关肇邺，吴耀东．北京：中国建筑工业出版社，1999.

图 1-6（1） 林少伟的金里程建筑群 来源：20 世纪世界建筑精品集锦（1900—1999 年）第十卷 东南亚与大洋洲．总编辑：K．弗兰姆普敦．副总编辑：张钦楠．本卷主编：关肇邺，吴耀东．北京：中国建筑工业出版社，1999.

图 1-6（2） 林少伟的新加坡会议厅与工会大楼 来源：20 世纪世界建筑精品集锦（1900—1999 年）第十卷 东南亚与大洋洲．总编辑：K．弗兰姆普敦．副总编辑：张钦楠．本卷主编：关肇邺，吴耀东．北京：中国建筑工业出版社，1999.

图 1-7（1） 再开发后保留的明治生命馆外观 来源：王洁摄．

图 1-7（2） 改造后的明治生命馆内部 来源：王洁摄．

图 1-8（1） 国立西洋美术馆外观 来源：北京建筑工程学院设计小组．

图 1-8（2） 国立西洋美术馆内部 来源：北京建筑工程学院设计小组．

图 1-9（1） 异地保护的东京帝国饭大堂外观 来源：20 世纪世界建筑精品集锦（1900—1999 年）第十卷 东南亚与大洋洲．总编辑：K．弗兰姆普敦．副总编辑：张钦楠．本卷主编：关肇邺，吴耀东．北京：中国建筑工业出版社，1999.

图 1-9（2） 异地保护的东京帝国饭大堂室内 来源：20 世纪世界建筑精品集锦（1900—1999 年）第十卷 东南亚与大洋洲．总编辑：K．弗兰姆普敦．副总编辑：张钦楠．本卷主编：关肇邺，吴耀东．北京：中国建筑工业出版社，1999.

图 1-10 日本国会议事堂 来源：http://zh.wikipedia.org/zh-cn.

图 1-11 东京国立博物馆 来源：20 世纪世界建筑精品集锦（1900—1999 年）第十卷 东南亚与大洋洲．总编辑：K．弗兰姆普敦．副总编辑：张钦楠．本卷主编：关肇邺，吴耀东．北京：中国建筑工业出版社，1999.

图 1-12 国立代代木体育馆外观 来源：20 世纪世界建筑精品集锦（1900—1999 年）第十卷 东南亚与大洋洲．总编辑：K．弗兰姆普敦．副总编辑：张钦楠．

汉风建筑
de
诠释与重构

图表目录

图 1-25　陶版名画的庭院剖面图

图 1-26　广州白云宾馆的中庭　来源：王洁摄.

图 1-27（1）　北京香山饭店内庭　来源：王洁摄.

图 1-27（2）　北京香山饭店室外庭院　来源：王洁摄.

图 1-28（1）　北京德胜尚城总平面图　来源：建筑学报，2006，8.

图 1-28（2）　北京德胜尚城模型　来源：建筑学报，2006，8.

图 1-29　北京德胜尚城的斜街　来源：王洁摄.

图 1-30　传统屋顶形式的拉伸变形　来源：王洁摄.

图 1-31　旧砖瓦的再利用　来源：王洁摄.

## 第二章

图 2-1（1）　人民大会堂　来源：20 世纪世界建筑精品集锦（1900—1999 年）第十卷 东南亚与大洋洲.总编辑：K．弗兰姆普敦.副总编辑：张钦楠.本卷主编：关肇邺，吴耀东.北京：中国建筑工业出版社，1999.

图 2-1（2）　民族文化宫　来源：20 世纪世界建筑精品集锦（1900—1999 年）第十卷 东南亚与大洋洲.总编辑：K．弗兰姆普敦.副总编辑：张钦楠.本卷主编：关肇邺，吴耀东.北京：中国建筑工业出版社，1999.

图 2-2（1）　黄龙饭店鸟瞰图　来源：2012 年程泰宁建筑作品展.

图 2-2（2）　黄龙饭店单体图　来源：2012 年程泰宁建筑作品展.

图 2-3（1）　浙江美术馆外景　来源：王韬摄.

图 2-3（2）　浙江美术馆内庭　来源：王洁摄.

图 2-4（1）　江苏盐城水街模型　来源：王洁摄.

图 2-4（2）　江苏盐城水街实景　来源：冯昕摄.

图 2-5（1）　南京夫子庙商业步行街　来源：http://chenyi1927.blog.163.com.

图 2-5（2）　南京夫子庙　来源：http://image.baidu.com.

图 2-6　锦里仿古步行街　来源（1）：http://savagegardenxy.blog.163.com/blog/static　来源（2）：http://www.tuhigh.com/space/1516/50463.

图 2-7　上海新天地保护的里弄建筑　来源：王洁摄.

267

图表目录

第三章

图表目录

汉风建筑
de
诠释与重构

第五章

图表目录

汉风建筑de筑
诠释与重构

第六章

第七章

图表目录

汉风建筑
de
诠释与重构

# 索 引

（以拼音为序排列）

275

索
引